食べる経済学

下川 哲

早稲田大学政治経済学術院准教授

大和書房

もしアナタが、
毎日のように肉を食べ、
卵や牛乳も大好きなら…
地球に与える影響は、
想像以上に、大きい…！

「食べる」と「経済学」ってどういうこと？

こんにちは。下川哲です。

まずはじめに、この本を手にとってくれて、ありがとうございます。

『食べる経済学』という、ちょっと風変わりなタイトルなので、「それってどういうこと？」という疑問がみなさんの頭の中にあると思います。この命名の理由は本編で詳しく説明するとして、実際に「**食べる**」と「**経済学**」とには、とても深い関係があります。

もう少し正確にいうと、みなさんが日常的におこなっている「食べる」という行為は、じつは地球全体とつながっていて、そのつながる仕組みを理解するのに、経済学という枠組みがぴったりなのです。

地球全体といわれてもイメージしづらいかと思いますが、たとえば、**地球全体の問題**といえば、何が思い浮かぶでしょうか。

いまの時代なら、**人口増加、貧困、格差、都市化、気候変動、SDGs**、といった言葉が浮かんできます。

まさに、あなたの「食べる」は、こうした壮大なテーマと密接につながっているのです！

嘘ではありません。

最初の牛のページの言葉も、本当です。

それがどういうことか、この本を読んで答え合わせをしてみてください。その後に、あなたの**「食べる」を見る目**がどう変わっているか、それを私は心から楽しみにしています。

はじめに

私は昨日、日本全国15道県と海外8カ国からの食材を食べました。とはいえ、なんの変哲もない、ごく一般的な食事です。

朝は目玉焼きとサラダとリンゴとコーヒー、昼は焼き魚定食、おやつにバナナ、夜は寄せ鍋、食後にみかんを食べました。

主な食材と産地をみてみると、新潟県産のお米、茨城県産の卵、福島県産のトマト、群馬県産のきゅうり、静岡県産のレタス、青森県産のリンゴ、エチオピア産のコーヒー、メキシコ産の塩、ノルウェー産の塩サバ、オマーン産のインゲン、パラグアイ産のごま、千葉県産のニンジン、北海道産のタマネギ、岩手県産のわかめ、フィリピン産のバナナ、佐賀県産の鶏肉、米国産の銀だら、インド産のえび、茨城県産の白菜、埼玉県産の長ねぎ、栃木県産の春菊、長野県産のえのき茸、徳島県産のしいたけ、和歌山県産のみかんなどです。

これで1日分です。これが1週間分や1年分となると、さらに多くの産地からの食材を食べていることでしょう。

なぜこんな話をしたかというと、私たちの普段の食事は、日本中および世界中の多くの生産地に支えられて成り立っていることを知ってほしかったからです。

　このことをもう少し深掘りするために、次は牛丼１人前を作るために必要な資源について考えてみます。牛丼１人前を作るには、「牛肉１００ｇ、タマネギ70ｇ、米２５０ｇ、醬油10cc、砂糖小さじ１」さらにいうと「トウモロコシなど１・１kg、水５６０L、１㎡以上の耕地」が必要です。

　えっ？　牛丼にトウモロコシなんて必要ないし、水もそんなに使わないよ！　と思う人も多いでしょう。たしかに牛丼のドンブリの中にトウモロコシは見当たりませんし、お米を炊いたり牛肉を煮つめたりするのにも、それほどの水は必要なさそうです。でも、直接的には使っていなくても、間接的には使っているのです。

　牛肉となる牛を育てるには、トウモロコシなどの飼料と水が不可欠ですし、米、タマネギ、および飼料作物を育てるにも水と土地が不可欠です。つまり、「トウモロコシなど１・１kg、水５６０L、１㎡以上の耕地に含まれる栄養分」が、「牛肉１００ｇ、タマネギ70ｇ、米２５０ｇ」へと姿を変えることで、間接的に消費されているのです。

　また、たとえ牛肉のラベルに国産と書いてあっても、それはその牛を国内で育てたという意味で、飼料となるトウモロコシは米国産やブラジル産であることがほとんどです。そのため、農畜産物を生産するための資源にまで視野を広げると、前述した食材の産地よりもさらに広範な地域と資源が私たちの食事と関わっていることになります。

結果として、私たちの普段の食事は、ほぼ地球全体の土地や水といった自然資源とつながっていることになるのです。さらに、食料生産のための自然資源は何百年、何千年と継承されていくため、現在の私たちの食事は、これから生まれてくる未来の人々の食事とも関係してきます。

つまり、ごく日常的な「食べる」という行為は、地球全体に広がる生産・流通ネットワークと、現在と未来をつなぐ自然資源の利用を通して、私たちの想像をはるかに上回る影響力を持っているのです。

こんなことをいわれてもピンとこないでしょうか？　かくいう私も似たようなものです。人の認知能力には限界があるため、ピンとこないのが当たり前なのです。つまり、現実世界はきわめて複雑なのに、人が認知できるのはその一部分、もしくはかなり単純化された世界だけなので、現実と人の認知の間にギャップが生まれます。そして、このギャップが「ピンとこない」と感じる根底にあるのです。

たとえば、「普段の食事が地球全体に影響するなんて、そんな大袈裟な……」と感じる人もいるでしょう。そう感じるとき、あなたは自分や家族の食事量についてだけ考えていませんか？しかし、2021年時点で地球には約79億人もの人間がいて、その全員がほぼ毎日食事をするわけです。たとえば、1日1人当たり平均で牛肉10gを食べるとすると、1年間に地球全体で1日

1人当たり10g×79億人×365日＝2884万トンの牛肉を食べることになり、その牛を育てるために約3億1719万トンのトウモロコシなどの飼料作物が必要になり、その飼料を育てるために最低でも3千万ヘクタール以上の農地（日本の全農地面積の6倍以上）が必要になります。

こう考えると、食事が地球全体に影響するという話も、それほど大袈裟ではないように思えてくるはずです。

そうはいっても、「そこまで食事が国際化しているのは先進国だけの話では？」と考える人もいそうです。そう考える人は、なんとなく「途上国は農業国で自給自足、先進国は工業国で食料輸入」という単純化したイメージを持っているのではないでしょうか。しかし現実には、多くの途上国が食料輸入国であり、有力な食料輸出国の多くは先進国なのです。

このような人の認知能力の限界、いわゆる「人間らしさ」によって生じる「現実と認知のギャップ」が、食をとりまく様々な社会問題の要因になっています。

この本では、そのような「人間らしさ」を踏まえたうえで、「農業経済学」という枠組みを使いながら、私たちの「食べる」にまつわる社会問題について色々と考えを巡らせていきます。

食の問題なのに経済学の枠組みを使うというと、不思議に思う人もいるでしょう。しかし、そこにはきちんと理由があります。食をとりまく環境が複雑化した要因の一つに、「市場《しじょう》」という仕組みの発展があるからです。そして、市場の仕組みやそれに関わる人々の行動について分析するために体系化された学問こそが、経済学なのです。

なかでも食に関わる市場の仕組みや人々の行動に注目している経済学が、農業経済学です。別のいい方をすると、食をとりまく現実を複雑なままでは理解できない以上、それを単純化して理解するしかなく、そのような単純化を適切におこなうための枠組みが農業経済学、ということになります。

もっとも、農業経済学で分析される対象には、食料だけでなく、衣類に使われる綿花や建築に使われる木材なども含まれています。その中で、この本では食料にのみ注目するため、「食料経済学」の枠組みを使うといったほうが、よりしっくりくるかもしれません。

食料経済学の内容はおおまかに、食料を「作る（生産）」、「売買する（市場）」、「食べる（消費）」に分けることができ、お互いが複雑に関係し合っています。そのような複雑な関係を紐解くにあたり、誰にとっても馴染みのある「食べる」を中心に据えて、そこから全体の関係について考察していくため、本書を「食べる経済学」と呼ぶことにしました。

食べることは、私たちにとって最も身近で不可欠な活動の一つです。にもかかわらず、近年の都市化やグローバル化によって食をとりまく環境やその未来予想はますます複雑になり、食べることの社会的な意味やあり方について、実感はもとより頭で理解することすら難しくなってきています。

そこで今から、「食べる経済学」というアプローチを使って、できるだけ実感と結び付けながら、現在の複雑な社会とその未来像について読み解いていこうと思います。本書の内容が、たとえささやかでも、みなさんが未来社会を生き抜いていくうえでの道しるべの一つになれたらと願っています。

第二部

飢える人と捨てる人

「食べる」にまつわる社会問題

第一部

地球と食卓をつなぐ感覚

「食べる」が形づくる社会

第一部では、「食べる」をとりまく社会の仕組みと、経済学的な考え方について、全体像をおおまかにみていきます。第二部であつかう『食べる』にまつわる社会問題」について深掘りするための準備運動だと思ってください。

また、この本ではあえて、「食べる」(カギカッコ付き)を、食料消費とほぼ同じ意味で使います。ここでほぼ同じ、と書いたのは、「食料消費」は実際に食べる消費だけでなく食品ロスなども含むのですが、「食べる」は実際に食べる消費に重きを置いているからです。また、「食料消費」と書いたとたんに堅苦しくなって、急に心理的な距離を感じませんか? それに比べて、「食べる」とすることで、多くの人にとって、より身近でより自分に関係する行為だと感じてもらえるのではと期待しています。

さらに、「食料消費」を「食べる」と言い換えることで、普段の言葉遣いの中に潜む、「食料生産」とのギャップを明示的に示すねらいもあります。というのも、食料生産のほうには、「食べる」に対応するような、くだけた一言表現が見当たらないのです。しいて言えば「作る」なのですが、「作る」は食料に限った表現ではありません。そのため、食料生産は、そのまま「食料生産」ということにします。

そんなアンバランスな! と納得のいかない人もいるかもしれません。しかし、このアンバランスさこそが、私たちの食料消費と食料生産に対する認識や距離感の違いを反映しているともいえるのです。

1章

「食べる」と「食料生産」

当たり前ですが、食べるためには必ず食料を生産する必要があります。このように、「食べる」と「食料生産」が表裏一体であることは、比較的イメージしやすいと思います。

これに加えて、料理を作るために食材が不可欠なように、食料を生産するためには空気・水・土壌・日光といった自然資源が不可欠になります。つまり、「食べる」は、「食料生産」を通じて「自然資源の利用」とも表裏一体だということです。

そして、**「食べる」と「食料生産」、「食べる」と「自然資源の利用」、これら2つの切っても切れない関係について、人々がどの程度正確に認識しているかによって、「食べる」と社会全体との関係性も変わってくる可能性がある**のです。

まずは「食べる」の社会的な意味合いについて、少し考えてみましょう。とはいっても、アグリビジネスやフードビジネスの話ではありません。もっと抽象的で根源的な話になります。

「食べる」を経済学的に言うと「食料を消費する」となります。ここで、「食べる」と「消費する」との間に少し感覚的なギャップを感じる人はいませんか？　というのも、「食べる」というのは単なる消費とは違って、もっと生命に直結する営みであり、食料を消費しないという選択肢はないからです。

このような「食べる」に対する特別な感覚は、食料という「財（goods）」が持つ特殊性からきています。ちなみに、「財」とは、経済学の用語で、なにかしら人の満足度に影響するものの総称です。そして、食料は、服や本などの他の財と比べて、消費と生産の2つの面で大きな違いがあります。やや小難しい話になりますが、「食べる」と社会全体との関係性を読み解くためには必要な説明になるので、すこし辛抱してお付き合いください。

なぜ「食べる」は特殊なのか？

まず、「食べる」ことがなぜ他の消費と比べて特殊なのか、みていきましょう。

①体外の物を体内に取り込む

食料を消費する、つまり「食べる」とは、食料を体内に取り込むということです。一方、他の財を消費する場合は、体内に取り込むことはなく、単に使用するという意味になります。

このような違いは、消費行動に大きく影響してきます。たとえば、「体」を「自宅」と考えるとわかりやすいかもしれません。ほとんどの人が、自宅の中に誰を入れるかについては、とても用心深くなると思います。それも、理屈ではなく、好き嫌いやその時の気分で、自宅の中に人を入れたくない場合も多々あります。また、自分の知らないうちに誰かが自宅の中に入っていたら、即座に自宅から追い出すか警察に通報することでしょう。

一方、自宅の外にいる人に関しては、自宅からの距離にもよりますが、誰が何をしていようと、自宅の中ほど気にしないのではないでしょうか。また、たとえ自宅の前に人がいても、あまりいい気はしないですが、「そのうちいなくなるだろう」や「何か仕事かもしれない」と、比較的冷静に対処でき、許容範囲も広くなります。これと似たような反応の違いが、食料とその他の財への反応の違いにもみられます。

たとえば、購入した弁当に毛髪1本が混入している場合と、購入した書籍に毛髪1本が挟まっている場合、どちらのほうが嫌でしょうか？　どちらとも嫌ですが、あきらかに弁当のほうが嫌なのではないでしょうか。実害はないとしても、弁当のほうは返品する人もいるかもしれません。一方で、髪の毛が1本挟まっていたという理由で書籍を返品する人はかなり稀でしょう。

もう一つ、もっと意見が分かれそうな例を考えてみましょう。

スーパーで、返品されたペットボトルの緑茶と、返品された消しゴムがあり、どちらも定価100円だとします。どちらの商品も未開封ですが、返品ということで10％オフ（つまり90円）になっています。ちなみに、新品も同じ店で100円で売っています。ちょうど緑茶と消しゴムを

1つずつ買う必要がある場合、あなたなら新品と返品のどちらを選ぶでしょうか？　未開封ならどちらも安いほうがいいという人が多いと思いますが、返品された消しゴムはよくても返品された緑茶は嫌だという人も一定数いるのではないでしょうか。また、両方とも返品を選んだ人の中には、返品された消しゴムよりも、返品された緑茶のほうでより悩んだ人もいることでしょう。

同様の違いは売り手側にもみられます。最近はレジ袋を使わなくなったのでめっきり減りましたが、コンビニなどで店員さんが袋詰めをしてくれていた時代には、「食品とそれ以外の商品で袋を分けますか？」とよく聞かれたものです。マニュアル対応なのだと思いますが、そのようなマニュアルが生まれること自体、それを気にする客が一定数いるという証でしょう。

このように、食べる商品とそれ以外の商品で、人々の反応が異なるケースは日常的にみられます。つまり、「食べる」のほうが他の財の「消費する」よりも、より注意深く、またより感情的に決められる可能性が高いということです。

②生物的な下限と上限がある

生きている以上、食料を消費しないという選択肢はありません。身体や臓器を動かすために最低限のエネルギー摂取が必要になるからです。身体をまったく動かさない状態でも、生命維持に必要な臓器などを動かすために、最低でも成人女性だと1日に約1100kcal、成人男性だと約1

５００kcalが必要だといわれています。

一方、人が1日に食べられる量には生物的な上限もあります。食べ放題のビュッフェに行ったことがある人は、その時のことを思い出してください。食べ放題というと90分制限の店が多いですが、実際は60分もしないうちに満腹になってしまう人がほとんどだと思います。常人離れした大食い選手でも、1回の食事で食べられるのは10kgくらいが限界だと聞いたことがあります。

このように下限と上限があることは、「食べる」の経済的な側面にも影響します。たとえば、所得や価格の変化によって、1日に食べる量がどのように変化するかです。

人間はどんなに貧しくても最低限の量の食料を食べる必要があり、逆にすごくお金持ちになったからといって1日に食べる量はそれほど増えません。このことは、国レベルのデータからも読み取ることができます。

たとえば、世界で有数の豊かさを誇る米国と、最貧国の1つであるアフリカのチャドを比べてみましょう。まず、世界銀行のデータベースを使って、２０１８年の1人当たり名目ＧＤＰ（米ドル）をみてみると、米国が6万２９９７ドル、チャドが７２６ドルで、約87倍もの差があります。さらに、各国における物価の違いなどを補正した1人当たり購買力平価ＧＤＰ（ＰＰＰドル）をみてみても、約39倍もの差があるのです。

一方、国連食糧農業機関（ＦＡＯ）のデータベースを使い、２０１８年の1日1人当たりの食料エネルギー供給量をみてみると、米国は３７８２kcal、チャドは２１１５kcalで、その差は約１・

8倍しかありません。ちなみに、FAOのデータは供給量であって摂取量ではありません。つまり、供給された食料をすべて食べているとは限らないということです。ですので、もし米国の人々のほうがチャドの人々よりも食べ残しが多ければ、実際に摂取しているエネルギー量の差はさらに小さいかもしれません。

もちろん、食費の差はもっと大きくなります。米国における年間の1人当たりの食費は約2600ドルで、食費だけですでにチャドの1人当たり名目GDPの3倍以上になります。チャドにおける1人当たりの食費に関する公表データは見当たらないのですが、1人当たり名目GDPがチャドよりも3割くらい高いタンザニアでも、年間の1人当たりの食費は約200ドルで、米国の10分の1以下になっています。それでも、1人当たり名目GDPの差と比べると、その差はかなり小さくなっています。

つまり、国際的に比較してみると、所得の差が最も大きく、食費の差はそれに比べると小さく、食べる量の差はさらに小さくなる、ということがわかります。別のいい方をすると、食べる量は所得の変化にあまり反応しないということです。経済学では、このような財のことを必需品と呼び、日常生活に必要な財の特性と考えています。衣類や住居なども必需品に含まれますが、生きるために絶対必要な量（生物的な下限）がある食料は、必需品の中でも特殊な、絶対的な必需品といえます。

所得の場合と同様に、食料の価格が高騰したとしても、生きていくために必要な量の食料は買わざるを得ません。逆に食料の価格が急落したとしても、普段から食料不足の状態でもない限り、１日に食べる量を急に増やす人はあまりいません。たとえば、普段は５kg２５００円の米が５kg１２５０円に値下げされていたら、２袋くらい買いだめしてしまうかもしれませんが、だからといって、その日に食べる米の量を２倍にする人は少ないでしょう。そのため、食料の価格が変化しても、１日に食べる量はあまり変わらない、というか変えられないのです。つまり、食べる量は価格の変化にもあまり反応しないということです。

「食べる」の反応を数値化する

このような、所得や価格の変化に対して、需要（人々が欲しがる量）がどれくらい反応するかを数値で測るために、経済学では「需要の所得弾力性」と「需要の価格弾力性」というツールを使います。

需要の所得弾力性というのは、所得が１％増えたり減ったりしたときに、その品物の需要が何％増えたり減ったりするかという測度です。似たように、需要の価格弾力性というのは、ある品物の価格が１％上がったり下がったりしたときに、その品物の需要が何％増えたり減ったりするかという測度になります。

より厳密には、このような価格弾力性を「自己価格弾力性」と呼びます。価格が変化した品物の（自己の）需要の変化をみているからです。たとえば、米の価格が１％上がると、米の需要が０・３％減るとします。この場合、需要の変化（マイナス０・３％）を価格の変化（プラス１％）で割ったものが自己価格弾力性で、マイナス０・３となります。似たように、米の価格が１％下がって、米の需要が０・３％増える場合も、プラス０・３％をマイナス１％で割り、自己価格弾力性はマイナス０・３になります。このように通常は、価格の変化と需要の変化は逆方向になるため、自己価格弾力性はマイナスの値をとることになります。

余談になりますが、弾力性では、なぜ変化量をパーセントで表すのでしょうか？　これは、品物の価格や需要量の単位に違いがあっても、お互いに比較できるようにするためです。たとえば、米の価格は５kg当たりの価格で、需要量の単位はkg（キログラム）だとします。一方で、牛乳の価格は１L当たりの価格で、需要量の単位はL（リットル）だとします。このような場合、同じ１００円の値上がりへの反応でも、「５kgで２０００円の米が１００円値上がりし、需要が０・５kg減る」と「１Lで２００円の牛乳が１００円値上がりし、需要が０・５L減る」では、単位がバラバラで、反応の度合いを直接比較することができません。一方、「米が１％値上がりし、需要が０・１％減る」と「牛乳が１％値上がりし、需要が０・５％減る」だと、単位が統一されるため、反応の度合いをお互いに比較できるようになるのです。これは、所得弾力性の場合も同じです。

それでは改めて、「食べる量は所得や価格の変化にあまり反応しない」とはどういうことか、弾力性を使って考えてみましょう。ここでの「あまり反応しない」とは、所得や価格の弾力性が1より小さいということです。そして、生活に不可欠な物ほど、弾力性がゼロに近い値になります。そのため、食品の所得弾力性や自己価格弾力性は、1より小さくなる傾向があります。ただ、食品の種類によって、不可欠さの度合いが違うため、弾力性も異なってきます。

たとえば、日本における需要の所得弾力性と自己価格弾力性は、米が0・01とマイナス0・06で、肉類が0・49とマイナス0・36という推計値があります。[*1] これらの数値は、米よりも肉類の需要のほうが、所得や価格に反応しやすいことを意味しています。具体的には、もし所得が1%増えたら、米の需要は0・01%しか増えませんが、肉類の需要は0・49%増え、反応の大きさは米の49倍になります。価格に対しても、肉類のほうが米に比べて6倍大きく反応するということです。ちなみに、娯楽の所得弾力性と自己価格弾力性は、1・29とマイナス0・94で肉類よりもさらに反応が大きくなります。

このような「食べる」と所得や価格との関係は、後ほど『食べる』にまつわる社会問題」について深掘りする際に重要になってくるので、ぜひ覚えておいてください。

「食料生産」もまた特別なもの

「食べる」がその他の消費と比べて特殊なら、「食料生産」もまた、その他の生産にはない性質を持っています。こちらもまた、1つずつみていきましょう。

①自然の力には勝てない

食料を生産するとはどういうことかというと、太陽エネルギーを利用して、水と空気中の二酸化炭素から炭水化物を作り出すことです。つまり、光合成のことで、自然環境の助けなしには食料生産は成立しません。

最近は、スーパーなどでも植物工場で作られた野菜をよく見かけるようになりましたが、植物工場で生産して採算がとれるのはトマトやサラダ菜などごく限られた作物だけです。生きるために最も必要な穀物（米や小麦など）の生産には広大な土地を必要とし、そのすべてを植物工場で作ることは物理的にも経済的にもあまりメリットがありません。

つまり、どんなに技術が進歩しても、ほとんどの食料生産は自然資源に大きく依存せざるを得ないということです。

このことは、「食料の生産量が年ごとに変動することは避けられない」ということを意味しています。不作の年もあれば、豊作の年もあり、生産量を完全にコントロールすることはほぼ不可能なのです。

そのため、普段の生活で、野菜や果物の価格が年によって大きく変化することも避けられません。去年の9月は1玉130円だったレタスが、今年の9月には1玉270円だったりします。価格を決めるのは生産量だけではないのですが（後ほど改めて説明します）、生産量の変化が価格に大きく影響することは確かです。

よくあるのは6月から7月にかけて平年よりも天候が悪く、長雨と日照不足のせいで葉物野菜が根腐れして収量が減る場合です。たとえば、2020年の7月は平年と比べて降水量が2・2倍になり、日照量が70％も少なかったため、レタスが不作になり、価格が平年と比べて2倍以上にまで高騰しました。また、台風、洪水、地震などの自然災害の影響も大きいです。たとえば、普段はあまり台風が上陸しない北海道ですが、2016年8月17日から1週間の間に、台風7、8、9、10号が立て続けに上陸し、大雨などの甚大な被害が出たことがありました。北海道はいわずと知れた日本最大の農業生産地です。この影響により、タマネギ、じゃがいも、ニンジンといった食卓を代表する野菜の価格が全国的に高騰しました。

一方で、もやしやキノコ類など天候に関係なく生産できるものは、比較的価格が安定している傾向があります。畜産業も天候にあまり影響されませんが、鳥インフルエンザなどの感染症が発生すると、大量の殺処分によって生産量に大きな影響が出ます。天候などと比べると、このような感染症のほうが対策はしやすいのですが、それでも完全にコントロールするのは難しいのが現実です。

さらに、世界の長期的な変化もみてみましょう。次ページの表1は、1ヘクタールの土地で何トンのトウモロコシを収穫できるか、つまりトウモロコシの単収（トン／ヘクタール）に注目しています。1961年から2019年までの約60年間を約10年ごとの期間に区切り、各期間の最高単収と最低単収を、世界の平均、最貧国の平均、米国に分けて示しています。この60年間で、化学肥料や農薬や遺伝子組換え技術などの技術革新により、トウモロコシの単収は世界的に2倍以上に増加しました。これは、最貧国でも米国でも同様です。ただ、同じ期間の単収を比べると、米国のほうが最貧国よりも5倍以上高く、生産技術の水準は地域間で大きな差があることがわかります。この5倍以上という差は60年間変わらず縮まっていません。

次に、表1にある「最高／最低」は、最高単収（豊作）と最低単収（不作）の比率、つまり天候などの影響の大きさを表しています。この値が大きいほど、天候などが単収に与える影響が大きいことになります。この60年間の最高／最低の変化は、単収の変化に比べるとかなり小さなものになっています。これほど技術革新が進んだというのに、最高／最低の世界平均は1・25から1・20までしか減少していません。また、同時期の最貧国と米国の最高／最低を比べて

表1：世界、最貧国、米国におけるトウモロコシの単収の推移

（トン／ヘクタール）

	世界			最貧国			米国		
期間	最高	最低	最高／最低	最高	最低	最高／最低	最高	最低	最高／最低
1961-1969年	2.42	1.94	1.25	0.99	0.94	1.06	5.39	3.92	1.38
1970-1979年	3.38	2.35	1.44	1.17	0.94	1.25	6.87	4.51	1.52
1980-1989年	3.72	2.95	1.26	1.19	1.05	1.13	7.52	5.09	1.48
1990-1999年	4.44	3.63	1.22	1.41	0.96	1.47	8.70	6.32	1.38
2000-2009年	5.15	4.32	1.19	1.65	1.20	1.38	10.32	8.12	1.27
2010-2019年	5.82	4.85	1.20	1.95	1.73	1.13	11.74	7.73	1.52

出所：FAOSTATのデータより著者が作成。

も、大きな差はみられません。むしろ米国のほうが最高／最低の値が大きくなることも珍しくないのです。

つまり、これほど生産技術が進歩しても天候などによる影響を完全にコントロールすることは難しく、また、米国の最先端のトウモロコシ生産技術をもってしても、天候から受ける影響に関してだけは最貧国と大差ないということです。

②環境負荷ゼロはありえない

さて、ここまで自然が食料生産に与える影響についてみてきましたが、その逆の、食料生産が自然に与える影響についても考えてみたいと思います。

本題に入る前に、みなさんに1つ質問です。旅行もしくはテレビなどで、夏空の下、青々とした田んぼが一面に広がっている景色を見て、みなさんはどのような感想を持つでしょうか？「きれいだなぁ」や「自然豊かだなぁ」と思われるでしょうか。

たしかに「きれい」です。しかし、「自然豊か」かどうかは疑問の余地があります。というのも、田んぼは人が作った人工物であって、自然そのものではないからです。これは、野菜畑や果樹園でも同じことです。

つまり、食料を生産するということは、自然環境に何らかの人の手を加えるということで、自然環境への負荷がゼロということはありえません。ましてや、約79億人もの人間を飢えさせないだけの食料を生産するとなるとなおさらです。そのため、食料生産による自然環境への負荷を考えるときには、負荷をゼロにできるかどうかではなく、自力で回復できる程度の負荷に抑えることができるか、つまり持続可能な水準の負荷に抑えられるかどうかが重要になります。

しかし現状は、持続可能な水準とは程遠い状態です。近年、土地当たりの収穫量（単収）を増やすことが農家の利益を上げるため、また限られた耕地面積で急増する世界人口を養うためにも、一段と重要になってきています。単収を増やすためには、灌漑設備や農業機械に加えて、肥料や農薬を大量に使う必要があり、過度な肥料や農薬の使用は環境汚染の要因になっています。特に畜産業は自然環境への負荷が大きく、家畜を育てるために大量の水を必要とし、糞尿などによる土壌や地下水の汚染問題も深刻化しています。

比較的負荷の小さそうな植物工場や水耕栽培などでも、水は必ず使っており、水に肥料などを混ぜることになります。さらに光や気温を制御するための燃料による自然環境への負荷も考慮に入れると、食料生産の環境負荷をゼロにするということがどれほど困難なことかわかると思います。

また、日本で暮らしていると見落としがちなのですが、水や耕地といった食料生産に必要な自然資源の量は、世界全体でみるとかなり限られています。

たとえば、耕地です。まず、作物はどのような土壌でも育つわけではありません。ＦＡＯによると、2018年時点で、世界における湖や川といった内陸の水地を除いた陸地の総面積は134億ヘクタールで、そのうちの約12％（15億ヘクタール）が耕地として作物の生産に利用されています。しかし、残りの88％の陸地すべてが耕地に変換できるわけではありません。耕地に変換できる可能性が少しでもある土地は、世界全体の約3割（42億ヘクタール）という推計がありま す。ということは、まだ27億ヘクタールの耕地拡大の余地があることになります。ただ、現在利用されていないということは、それだけ条件が悪いことの証で、仮に新たに農地にしたとしても、現在利用されている耕地ほどの収穫量は望めないことも事実です。

一方で、世界における総耕地面積は、1961年の13・5億ヘクタールから2018年の15・7億ヘクタールと、過去約60年間であまり増えていません。というのも、過度な農業生産によって疲弊して使えなくなった耕地を、森林などを切り開いて新たに開拓した耕地で置き換えることで、なんとか現在の耕地面積を維持している状態だからです。そして、使い捨てられた耕地が自力で再生するのには何百年もかかります。作物を育てられる土壌が自然に1㎝堆積するためには少なくとも100年はかかるといわれているからです。つまり、耕地の総面積はあまり増えずに、将来的に耕地として利用できる土地面積は減り続けているということです。

このような状況は、現在の食料生産だけの問題ではなく、将来の食料生産の可能性を潰していることにもなるのです。ただ、そうはいっても食料生産による環境負荷をゼロにすることはできません。そのため、50年後や100年後でも食料生産を続けられる程度に環境負荷を抑えること、つまり持続可能性が、ことさら強調されているわけです。

食卓の向こう側を見てみよう

「食べる」側だけから捉える世界と、「食べる」と「食料生産」を表裏一体として捉える世界とでは、世界の見え方が違ってきます。そして、後者のほうがより包括的で現実的な見え方になります。たとえば、所得が増えても1日に食べる総エネルギー量はそれほど増えないと前述しました。実際、何十倍もの所得差がある先進国と途上国の間でも、1日に食べる総エネルギー量の差は2倍以下しかありませんでした。

つまり、「食べる」の視点からだけみれば、先進国と途上国との間にそれほど大きな差がないようにも思えます。

しかし、これを「食料生産」の視点からみると、少し見え方が変わります。総エネルギー量は同じでも、どのような食事からそのエネルギーを摂取するかによって、食料生産に必要となる自然資源の量が異なるからです。

たとえば、家畜を育てるためには多くの飼料と水が必要になるため、作物を育てるよりも多くの自然資源が必要になります。そのため、所得が増えて1日の食事に占める牛肉や豚肉の割合が増えると、その食事を支えるためにより多くの自然資源が必要となります。つまり、食料生産に必要な自然資源に目を向けると、先進国と途上国との差はもっと大きくなるということです。

再び、米国とチャドの例をみてみましょう。

まず、食料を植物性（穀類、イモ類、野菜類、果物類など）と動物性（肉類、魚介類、卵、乳製品など）に分けると、米国の1日1人当たりの食料エネルギー供給量の73％は植物性食品、27％は動物性食品になります。一方、チャドの1日1人当たりの食料エネルギー供給量をみてみると、94％が植物性食品、6％が動物性食品です。つまり、動物性食品の割合は、米国のほうが4倍以上高いことがわかります。さらに、1日1人当たりの肉類のエネルギー供給量は、米国では455 kcal、チャドでは50 kcalで、約9倍の差がみられます。一方、穀類のエネルギー供給量は、米国では823 kcal、チャドでは1301 kcalで、米国のほうがチャドよりも約4割少なくなります。

ここで、肉類と穀類の供給量に注目して、それらを生産するために要求される穀物と水の総量を計算するとどうなるでしょうか。

肉類は、牛、豚、鶏に分けて計算します。たとえば、1kgの牛肉を生産するために、平均で11kgの飼料穀物と1万5415リットルの水が必要といわれています。豚肉と鶏肉は、それぞれ1kg当たり3・5kgと2・3kgの飼料穀物、5988リットルと4325リットルの水が必要とされています。牛肉と比べると少ないですが、穀類の生産と比べると2～3倍と、より多くの自然資源が必要になります。

穀類の場合は1kgの生産がそのまま1kgの供給になるため、問題は要求される水の量になります。たとえば、1kgの小麦の生産に必要な水の量は1827リットルです。

これらの値を使って、1日1人当たりの肉類と穀類の供給に必要な総穀物量を計算すると、米国が2049gで、チャドが667gとなり、約3・0倍の差になります。同様に、必要となる水の量は、米国が3255リットルで、チャドが1129リットルとなり、約2・9倍の差になります。「食べる」の視点からみるとエネルギー供給量の差は約1・8倍ですが、「食料生産」の視点からみると、要求される自然資源の量の差は約3倍となり、より大きな差がみられます。

このような話をすると、飼料用穀物は食用とは違う品種または食用にならないほど低品質なものであって、お互いに代替できるわけではないのだから、飼料用穀物と食用穀物の生産は別々に考えるべきだと主張する人がいます。

なんとなく、的を射た話に聞こえます。しかし、実はそうでもありません。間違ったことは言っていないのですが、視点が「食べる」に偏っており、「食料生産」のために必要な資源に関する視点が欠けているのです。

たとえば、飼料用でも食用でも、生産するために必要な耕地や水の量は大差ありません。また、前述したように、耕地も水も限られた資源です。ブラジルなどでは飼料用穀物の生産のために耕地が使い捨てられていて、すでに述べたように、捨てられた耕地が自然に再生するには何百年もかかるといわれています。そのため、現在の飼料用穀物の生産は、たとえ現在の食用穀物の生産に直接的に影響しないとしても、将来の耕地を減らすことで将来の食用穀物の生産に影響することになるのです。

このように「食べる」と「食料生産」を合わせて考えることで、普段私たちが何を食べるか、つまり「食品の選択」が、地球環境ひいては将来世代に対してどのように影響するかがみえてきます。

もし「食べる」の視点だけなら、食品の選択は、自分の健康や嗜好などの個人の問題、もしくは生活習慣病の増加による医療費増加などの社会の問題としてしかみられないでしょう。しかし、実際の影響はそれだけに留まりません。私たちが何をどれだけ食べるかは、どの食料をどれだけ生産するかに影響し、さらにその食料生産のためにどれだけの自然資源が必要となるかに影響するため、地球全体および将来の人々の問題でもあるのです。

私たちはなぜ実感できないのか

ここまで「食べる」と「食料生産」のつながりについて説明してきましたが、そうはいっても、現在の日本において、普段の生活の中で「食料生産」を実感できる人は、かなり少数派だと思います。結果として、ほとんどの人が、「食べる」と「食料生産」のつながりといわれても、いまいちピンとこないのではないでしょうか。

一方で、私たちがどう感じるかにかかわらず、「食べる」と「食料生産」が表裏一体の関係であることに変わりはありません。私たちの目の前にある食料は、必ずどこかで生産され、そこから運ばれてきているのです。

私たちが日常生活で目にする、最も身近な「食料生産」とのつながりといえば、原産地の表示ラベルかもしれません。日本では食品表示法によって、生鮮食品は原産地、加工食品は主な原料の原産地名もしくは原産国名を表示することが義務付けられています。ただし、２０１７年９月から２０２２年３月末までは移行期間で、この期間中に順次すべての加工食品にまで表示の義務化が拡大される予定です。

ところで、みなさんは普段の買い物でどれくらい食品の原産地をチェックしているでしょうか？　私の場合は、なかば職業柄、なかば趣味で、何も買わないのにスーパーなどで食品の原産地表示をまじまじと調べたりしています。下手をすると不審者にみえなくもないので、ほどほどにするように気を付けています。

ちなみに、２０２０年に消費者庁が実施した「食品表示に関する消費者意向調査」では、原料原産地名の表示をいつも参考にしている人の割合は24・4％、ときどき参考にしている人の割合が42・7％となっています。この割合は、年齢が下がるほど低くなり、10代では「いつも参考」と「ときどき参考」の２つを合わせても40～50％ほどしかありませんでした。

もしみなさんの中で、これまで原産地をチェックしたことがないという人がいたら、次の段落へ読み進める前に、まずは自宅にある食品の原産地を調べてみてください。そして、コンビニやスーパーなどに行った際には、他の食品の原産地もチェックしてみてください。たとえば、塩や納豆や生姜製品など、イメージ的に国産だろうと思っていた商品の原材料が、じつは海外産だったということはよくあります。それが良い悪いという話ではなくて、私たちの認識と現実にずれがあるということがポイントになります。

ただ、すべての食品会社が原材料の原産地名をきちんと表示しているとは限りません。小麦、ごま、タケノコなど、原材料が国産である確率が低い食品に限って、原産地名を表示していなかったり、まるで原産地名であるかのように加工品の製造地名を表示したりする会社も少なくありません。このような食品会社の姿勢も、私たちの認識と現実がずれることに拍車をかけています。

少し話が逸れてしまいました。さて、実際に自分が食べている食品の原産地を調べてみて、みなさんはどう思ったでしょうか？　思いのほか多くの地域や国で生産された食品を食べていることに驚いた人も多いのではないでしょうか？　それと同時に、私なんかは「これじゃあ『食料生産』とのつながりを実感するのが難しいはずだ」とも思ってしまいます。

まず、なんといっても、原産地の種類が多すぎて、それらすべてとのつながりをいちいち実感することは難しそうです。さらに、それら原産地の中には、これまで1度も行ったことがない遠い県だったり、国名はかろうじて知っていても首都がどこかさえわからないような国も含まれています。たとえるなら、「1度も会ったことがない遠い親戚」や「SNSだけでつながっているフレンドがフォローしている他人」のような感じで、つながっている実感がまったく湧いてこないのです。

それでは、なぜ私たちは、そんなに遠くの地域や国で生産された食品を、日常的に食べているのでしょうか。その要因として、急激に進む都市化とグローバル化があげられます。そして、そのような都市化とグローバル化を下支えしているのが「食料市場」の発展なのです。

＊1　Muhammad et al.（2005）を参照。

2章 食料市場が社会をつなぐ

ここまで読んできて、「食べる」と「食料生産」が緊密につながっていることは、もうわかってもらえたと思います。ただ、現実世界では、この2つはダイレクトにつながっているわけではなく、「食料市場」という社会的な仕組みを介してつながっています。この章では、その「食料市場」が、社会でどのような役割を担い、社会にどのような影響を与えているかについてみていきます。

食料市場とは？

「市場《しじょう》」という仕組みは食料に限ったものではなく、世の中には様々な種類の市場が存在します。それでは、そもそも市場ってなんなのでしょうか？　物やサービスを売ったり買ったりする仕組みでしょうか？　お金を貸したり借りたりする仕組みでしょうか？　それとも、人を雇ったり雇われたりする仕組みでしょうか？

みなさん、様々なイメージがあるかと思いますが、経済学においては、市場とは限られた資源を効率的に配分するための仕組みと考えます。

誤解を恐れずにもっとかみ砕いていうと、「社会にとって最も望ましい結果をできるだけ実現するために、限られた資源を無駄なく配分するための仕組み」が市場です。

ここでいう「資源」には、物やサービス、お金、人などが含まれています。ここで押さえておきたいことは、市場というのは、誰にとっても完璧な、楽園のような世界を実現するための仕組みではないという点です。そもそも手に入る資源が限られている以上、誰にとっても完璧な世界を実現できる仕組みなど存在しません。

大事なのは、限られた資源を無駄なく配分することで可能になる複数の選択肢があって、その中から、社会にとって最も望ましい選択肢を実現させることです。このような基準で考えると、市場という仕組みは、実在する他の仕組みに比べて、かなり優れた仕組みだといえます。

もちろん、そのような基準で考えたとしても、市場は完璧ではありません。特に問題なのが、「社会にとって最も望ましい選択肢」に関して、統一の見解があるわけではなく、様々な異なる考え方があることです。たとえば、公平性の問題などがあります。この点については、第3章でもっと詳しくお話しします。

それでは、改めて食料市場とは何でしょうか？　現実世界では「食料生産」から「食べる」まで、生産、加工、卸売り、小売り、外食などいくつもの段階が複雑に関連し合っていて、食料市場の捉え方にも様々な視点があります。そんななか、本書では「食べる」と「食料生産」の視点に注目することで、食料市場とは「**社会にとって最も望ましい『食べる』をできるだけ実現するために、自然資源などを無駄なく使って『食料生産』し、その食料を無駄なく分配するための仕組み**」であると考えることにします。

安くておいしいのは市場のおかげ

それでは、社会にとって最も望ましい「食べる」とは、どのようなものでしょうか？

さしあたり「安くておいしいものを食べられる」としておくのはどうでしょうか。それほど大きな反対もないと思うので、とりあえずはこのまま話を進めます。

まずは、食料市場という仕組みがまったく存在しないケースを想像してみましょう。

この場合、食料を買ったり売ったりすることはできないので、1人で食料を自給自足する必要があります。そのため、できるだけ安く食料を生産するためには、生産サイクルを1年と考えて、自分が1年間に食べる量をできるだけ過不足なく生産する必要があります。

ただ、この1人分だけ過不足なく生産するというのがなかなか難しいのです。天候などの影響があるため、正確に1人分だけを生産することはほぼ不可能なうえに、食料は生存に不可欠なため、念のために多めに生産しようとするのが人間の性《さが》です。

しかし、市場がないため、多めに生産しても売ることはできず、余った食料やその生産に使った資源は無駄になります。また、1人で育てられる作物の種類も限られてくるので、普段の食事はかなり質素なものになりそうです。さらに、もし不作で十分な食料を生産できない場合、他に食料を手に入れる手段がないため、飢えに耐えるしかありません。

とにかく、1人で食料を自給自足しようとすると、「安い」とか「おいしい」以前の問題が山積みだということです。

こうなると、何人かの集団で食料を生産して分け合ったほうがよさそうだという話になるでしょう。そして、穀物や野菜などの基本的な作物を生産するだけでなく、果物を生産したり、魚を捕ったり、収穫した小麦をパンや麺などに加工したりする人も出てきて、物々交換だけでも、それなりにおいしい食事はできそうです。ただ、集団が小さいうちはメンバー間の食料分配も単純で簡単ですが、何千人、何万人といった大規模の集団になってくるとメンバー間で食料を分配するだけでも大仕事となり、分配を専門に担当する人々が必ず必要になってきます。

そのかたちの一つに、売りたい人と買いたい人の間を仲介することで、比較的自由な取り引きを通して食料を分配する仕組みがあります。これが食料市場です。もしくは、支配層が中央集権的に分配のすべてを統制するという仕組みもあります。たとえば、食料配給制度です。つまり、食料を分配する社会的な仕組みは、食料市場以外にも存在するということになります。

歴史的には、食料配給制を採用していた国も少なからずありました。たとえば、中国は、1

955年から1978年まで、主要な食料（米、小麦、トウモロコシ、大豆）の生産と流通を国家統制下におき、当時の単位（Danwei）体制のもと都市部では食糧配給政策をおこないました。しかし結果的に、この仕組みはうまく機能しませんでした。1959年から1961年には、1500万人以上もの死者を出す大飢饉すら発生しています。結局、中国政府は1978年から改革・開放路線に転換し、徐々に市場の仕組みを取り入れています。

ということで、現在は、ほとんどの国が基本的に食料市場を通して食料を分配しています。つまり、歴史的にみても、「安くておいしいものを食べられる」社会の実現には食料市場という仕組みが最も有効だということです。

日本が自給自足したら

それでは、日本国内で食料を自給自足する場合はどうでしょうか。つまり、わざわざ遠い諸外国から食料を輸入することはやめて、日本国内だけで国民のための食料をすべて生産する場合です。

これだったら、なんとかなりそうな気もします。

「昔は日本の食料自給率もほぼ100％だったんでしょ？」と考える人もいるでしょう。ただ、それは江戸時代くらいまでの話です。それも江戸時代は人口が多い時期でも約3000万人で、現在の人口の4分の1ほどでした。人口がそれだけ少なくても、不作の年には飢饉が発生し、多くの餓死者が出ました。江戸時代の約260年間で、全国で約130回の飢饉があったといわれています。たとえば、三大飢饉の1つである享保の大飢饉では、幕府の記録だけでも約1万2000人が餓死し、200万人近くが飢えに苦しんだといわれています。

一方で、江戸時代以降、農業生産や輸送などの技術は飛躍的に向上しました。また、耕地面積も1850年の約317万ヘクタールから2019年の約437万ヘクタールまで増えています。そのため、国レベルでの食料自給率100％も不可能ではないかもしれません。

ただ、多くの人々が想像しているよりもはるかに困難な挑戦であることは確かです。

ほぼ確実にいえることは、すべての食料を国内で生産する場合、いま輸入に大きく依存している食料は、価格が急騰してほとんど手に入らなくなるか、もしくはまったく手に入らなくなるということです。身近な食品でいうと、たとえば、パンやパスタなどの小麦粉製品、肉類、バナナなどは確実に値上がりして、食べられる頻度も激減するでしょう。

現在、パン類の製造に使われる小麦の自給率は約3％、パスタの製造に使われる小麦の自給率はほぼ0％です。また、家畜飼料の自給率は約25％、バナナの自給率は約0・1％になっています。輸入に頼っているこれらの食料を、すべて国内で生産するのはほぼ不可能なのです。

さらにいうと、輸入に依存しているかどうかにかかわらず、国内のほぼすべての食品が値上がりすると予想されます。なぜなら、国内で利用できる農地面積（すべての耕地や草地などを含む）

には限りがあるからです。２０１９年時点で、日本国内で利用されている耕地面積は約４３７万ヘクタールあり、再利用が困難と思われる農地も含めて荒廃農地の総面積が約28万ヘクタールあります。つまり、どんなに頑張っても、日本には約４６５万ヘクタールの農地しかありません。

近年日本ではパン食が増加しており、２０１９年の小麦粉の年間総消費量は約６３０万トンで、そのうち約５３０万トンを輸入しています。日本での小麦の10アール当たりの平均収量を４５０kgとすると、輸入分の小麦を国内で生産するためには、単純計算で約１１８万ヘクタールの耕地が追加で必要になります。いま使われていない荒廃農地をすべて使っても、４分の１くらいにしかなりません。しかも、小麦だけを増産すればいいというわけではなく、小麦の不足分を補う主食類（米やイモ類など）も増産する必要があります。

また、飼料用は別として、食用だけに絞って考えても、大豆やトウモロコシもかなり不足することが予想されます。これら増産のしわ寄せで、いま野菜や果物が生産されている耕地のかなりの部分が主食の生産用に転換され、野菜や果物の生産量も減ります。結果として、野菜や果物も値上がりするということです。

つまり、食料をまったく輸入しないと、現在の食生活における主食すら維持できない可能性が高く、仮に維持できたとしてもほぼすべての食品の価格が高騰することになりそうです。

加えて、今ほど多様な食品も食べられなくなるはずです。食べられなくなる食品の中には普段から人気のある食品も含まれます。たとえば、私はコーヒーが好きなのですが、気候的に日本でコーヒー豆を大量生産することは難しく、輸入なしではほとんど飲めなくなるでしょう。コーヒー以外にも、チョコレート（カカオを使うもの）、アボカド、ごま、唐辛子、ハチミツなどもほぼ手に入らなくなると考えられます。これらの食品がなくても死ぬことはありませんが、いま私たちの日常にある数々のおいしい食品を犠牲にすることになりそうです。

そのため、日本で「安くておいしいものを食べられる」ようにするためには、国内の食料市場に加えて、食料輸入、つまり国際食料市場も欠かせないということです。

途上国と国際市場の深い関係

じつは、国際食料市場は多くの途上国にとっても重要な存在です。なぜなら、食料生産は自然条件に大きく依存しており、自国の自然条件が食料生産に向いていない途上国も多いからです。そのような国は主要な食料を輸入するしかないのです。

ＦＡＯは、過去３年間の平均で食料輸入のほうが食料輸出よりも多く、１人当たり国民総所得が１９４５ドル（２０１９年米ドル）より低い低所得国を、低所得純食料輸入国（Low-Income Food-Deficit Countries／ＬＩＦＤＣｓ）と呼んでいます。２０２１年には47カ国がＬＩＦＤＣｓと判定されました。人口にすると11億人以上がそのような国に住んでいます。

穀物の輸入依存度が特に高いＬＩＦＤＣｓとして、イエメン共和国（96・０％）、コンゴ民主共和国（82・9％）などがあり、47カ国中17カ国で穀物の輸入依存度が30％を超えています。これらの国々の多くは、国土に占める砂漠や険しい山地の割合が多かったり、小さな島国だったりして、地理的に食料生産に向いていないのです。

当然、こうした国々の中には、深刻な食料不足に苦しんでいる国も少なくありません。たとえば、ハイチ共和国は穀物の輸入依存度が60・2％で、食料不足に苦しんでいる国民の割合が48・0％と推定されています。

このような話を聞くと、そもそもそんな土地に住まなければいいじゃないかと思う人もいるでしょう。それも一理あります。ただ、歴史的背景からそのような土地に住むことになった理由があるはずですし、なんといっても、実際問題としてすでにそこに住んでいるわけです。今から別の国に移住しようとしても、政治や経済や宗教などの様々な問題があり、当事者にとっても受け入れる側の国にとっても簡単なことではありません。

つまり、国境を越えて人の居住地を移動させるよりも、国境を越えて食料を移動させるほうが、何倍も簡単で現実的な解決策ということです。

それでは、「市場なんて通さずに、すべて食料援助で解決すればいい」と考える人もいるかもしれません。たしかに食料援助は重要な仕組みですが、ＬＩＦＤＣｓが輸入する主要な食料をすべて補えるほどのキャパシティーはありません。２０１８年にＬＩＦＤＣｓが輸入した小麦と米とトウモロコシの総量は約７６７８万トンでしたが、世界の食料援助量は約４２０万トンに過ぎず、ＬＩＦＤＣｓの穀物輸入量の約５・５％しかありません。

また、たとえ可能だとしても、すべてを食料援助だけで解決することには、２つの大きな問題があります。それは、依存と経済の問題です。

まず、依存の問題です。独立国家である以上、自国の国民に必要な食料を確保することは、国家の果たすべき最低限の責務であり、そのための根本的な対策は自国の農業発展への投資になります。しかし、もし足りない食料はすべて援助してもらえるとなると、被援助国は農業発展への関心を失い、自国の農業が停滞もしくは衰退し、食料援助への依存度がさらに高くなる可能性があります。

加えて、援助国に食料という生命線を握られるうえに、食料援助をできる国は数少ないため、援助国に逆らえなくなり、国家としての独立性を保てなくなる可能性もあります。タダより高い物はないというわけです。

一方、国際食料市場では、食料を購入する費用が発生するので、その費用を減らすために自国の農業発展に投資する動機が生まれます。また、市場ではビジネスとして売り手と買い手のお互いにメリットがあるうえに、売り手の数も多くなるので交渉力も上がり、国家として一定の独立性を保ちつつ食料を確保することができます。

次に、経済の問題です。無料の食料が大量に国内に出回ることで、被援助国内で取引されている食料の価格が急激に下がることが予想されます。そのような価格低下によって最も深刻な損害を受けるのは被援助国の農家であり、そのほとんどは貧困層なのです。結果として、食料は格安で手に入っても収入が下がるため、総合的にみて生活の水準が向上するかは怪しいところです。

また、価格が下がり過ぎると、市場で売るための食料を作る農家が減るため、国内の食料生産量が一段と減り、さらに食料援助が必要になる、という悪循環に陥ってしまう可能性が高いのです。

こうした数々の理由から、ＬＩＦＤＣｓの食料不足を緩和するためには、食料援助と農業発展のバランスを取りながら取り組む必要があり、そのためにも国際食料市場という仕組みはとても重要なのです。

市場の発展に分業はつきもの

さて、私たちの普段の食生活にとって不可欠な食料市場ですが、その発展に伴って社会的な分業が進展することは避けられない現象になります。なぜなら、分業することで、より無駄なく食料を生産できて、その分、値段を安くすることができるからです。

たとえば、相対的に食料生産に適した場所では食料の生産に特化し、相対的に自動車の生産に適した場所では自動車の生産に特化することで、社会全体としてもっとも無駄なく食料と自動車を生産することができます。

また、食料生産に限ってみてみても、全体の工程をいくつもの細かい工程に分けて、各工程に特化した人々や会社が分業することで、より効率よく食料を生産することができるのです。そして、より効率的に生産できるということは、同程度のおいしさの食品を、より安く食べられるようになるということなのです。

ただ、分業すればなんでもいいというわけではありません。分業の利点を活かすうえで重要になるのが、「地の利」と「規模の経済」になります。特に、農産物の生産は自然条件に大きく依存しているので、地の利はかなり重要になってきます。なお、規模の経済というのは、同じものを生産する量が増えれば増えるほど、1個当たりの生産にかかる費用が安くなることをいいます。

規模の経済が働くのは、生産量とは関係なしにかかる費用（固定費用といいます）が発生する場合です。そして、生産量が多ければ多いほど、1個当たりの固定費用（固定費用を生産量で割ったもの）が減るため、1個当たりの生産にかかる総費用も減るというわけです。食料生産における典型的な固定費用は、人件費、地代、農業機械費などになります。ちなみに、食料生産量を決める2大要素は、生産技術と農地面積で、生産量を増やすためには最低でもいずれか片方を向上させたり増やしたりする必要があります。

これらの点をふまえて、単純な例を使って説明してみます。

たとえば、国全体にA町とB町の2つの町しかなく、米と服しか作らないとします。単純化のために2つの町の総面積、1日当たりの労賃、利用できる生産技術の水準は同じで、町民全員が米か服を作るとします。Ａ町は人口が１００人と少なく、地理的に米の生産に向いているため、町の50％を農地として利用できます。一方、Ｂ町は人口が５００人と多く、地理的に米の生産に向いていないため、町の10％しか農地に利用できません。米の生産量は利用できる農地面積に大きく依存するため、Ａ町が米の生産に特化すれば年間１０００トンの米を作れますが、Ｂ町が米の生産に特化しても年間２００トンの米しか作れないとします。一方、服の生産では、土地の広さよりも、縫製工場にどれだけ集約的に人を集められるかが重要になります。そのため、人を集めやすいＢ町が服の生産に特化すれば年間１０００着の服を作れますが、Ａ町が服の生産に特化しても年間２００着しか服を作れないとします。

ここで次の３つの場合を比べてみましょう。

① それぞれの町で米と服の両方を作る

② Ａ町は米だけ、Ｂ町は服だけを作る

③ Ａ町は服だけ、Ｂ町は米だけを作る

①の場合、単純化のため町民の半数ずつが米と服の生産にたずさわり、結果として生産量はそれぞれに特化した場合の半分になると仮定します。そのため、1年間でＡ町が米５００トンと服１００着、Ｂ町が米１００トンと服５００着を生産し、国全体としては米６００トンと服６００

着を生産することになります。ここでのポイントは、A町では縫製工場を建てても、人を50人しか集められないので、服の生産量はB町よりも少ないという点。また、B町で250人が米を作っても、農地の狭さが制約となって、米の生産量はA町よりも少ないという点です。

②の場合、A町が米1000トン、B町が服1000着を生産し、国全体として米1000トンと服1000着を生産することになります。

③の場合、A町が服200着、B町が米200トンを生産し、国全体として米200トンと服200着を生産することになります。③の場合も、A町では人の数、B町では農地面積が足かせとなって、生産量を増やせないのです。

このように、国全体としてみると、②の場合が最も多く米と服を生産できることがわかります。一方で、3つの場合とも人口と労賃は変わらないため、国全体でかかる人件費は同じです。また、地代や農業機械費や縫製工場の建設費は固定費用なので、生産量が多くなるほど1単位の生産にかかる費用が安くなります。そのため、米1トンと服1着の生産にかかる費用は、②の場合が最も安くなるということです。このことは、米と服がより安く手に入るということなので、消費者にとっても魅力的な選択になります。

現実世界はこれほど単純ではありませんが、大枠では、A町が農村部、B町が都市部として考えることができます。つまり、農村部は農業生産に特化し、都市部は農業以外の都市的サービスに特化するほうが、国全体として最も無駄なく資源を活用できるのです。

分業で見えなくなるもの

ここまで分業がもたらす利点について話してきました。一方で、分業の発展によって多くの人々が「食料生産」の現場をより遠くに感じるようになってしまうという側面もあります。

たとえば、先日、近所の駄菓子屋さんで、あるラーメン駄菓子の食品表示を見てみると、主成分のところに「小麦（国内製造）」と書いてありました。おそらく、国内で加工された「小麦粉」という意味なのでしょうが、小麦自体はほぼ確実に海外産なので、誤解を招く表示です。ただ、完全に嘘ともいえないよなぁ……と少し考えさせられました。

というのも、この駄菓子が店頭に並ぶまでには、（国外の）農家が小麦を生産し、（国内の）製粉会社が小麦を小麦粉に加工し、他の原材料もそれぞれ専門の会社が加工し、包装会社が菓子のパッケージを作り、また別の会社が乾燥剤を作り、製菓会社がそれらの材料から包装された駄菓子を製造し、最後にまた別の会社が販売を担当する、というように、様々な人や企業の手を経由しているからです。

このような場合、私たち消費者がイメージする駄菓子の生産者は、誰になるのでしょうか？多くの人は製菓会社をイメージするでしょう。そして、製菓会社からみた主な食材である小麦粉の生産者は国内の製粉会社です。製粉会社からみた食材である小麦の生産者は海外の小麦農家ということになりますが、製菓会社の視点からみれば、使っている原料を「小麦（国内製造）」と書いても嘘とは言えないのです。

　このように、異なる生産者や加工業者が幾重にも連なって食料生産に関わっているなかで、「食べる」側が実感できるのは直近の生産者までで、食品表示法が注目しているのは主な原材料の生産者のみです。結果として、その中間の工程に関わる生産者や加工業者は「食べる」側からは実感できないどころか、ほとんど見えないということになるのです。

　もう1つ、分業によって、「食べる」側が「食料生産」の現場を遠く感じるようになる要因として、物理的距離の拡大があります。特に、日本のように多くの食料を輸入に頼っている国ではなおさらです。日本は、国際的にみて、食料生産の「地の利」があるとは決していえず、その分、食料を輸入することの経済的メリットが大きくなります。

　たとえば、2018年における1人当たり農地面積を比較してみましょう。国平均では、日本が0・03ヘクタール、オーストラリアが14・4ヘクタール、米国が1・24ヘクタール、英国が0・26ヘクタールとなります。日本とオーストラリアでは、じつに480倍の差があるのです。ただ、オーストラリアや米国では、放牧などに使う草地が農地に占める割合が高いため、作物を育てている耕地のみの比較もしてみましょう。それでも、1人当たり耕地面積は、オーストラリアが1・26ヘクタールで日本の42倍、米国が0・49ヘクタールで日本の16倍となり、かなりの差があります。

また、おそらくみなさんにとって意外なのは英国ではないでしょうか。英国の国土面積は日本の3分の2ほどしかなく、それほど農業が盛んなイメージもないと思いますが、1人当たり農地面積は日本の9倍もあります。また、耕地のみに注目しても、日本の3倍あります。これは農地として利用できる国土の割合が日本より多いことと、人口が日本より少ないためです。

つまり日本は、食料を生産するという点では、主要な食料輸出国との間に技術や努力では到底埋められないほどの差があるということです。このため、日本では、自給するよりも輸入したほうがかなり安く食料が手に入るうえに、日本が得意な工業製品などの生産に注力することでより無駄なく資源を活用でき、非常に大きな経済的メリットを得ることができるのです。

このように、地球規模での市場の発展とそれに伴う分業の進展は、「安くておいしいものを食べられる」社会を実現するために決定的な役割を果たしています。それにともない、「食べる」と「食料生産」の間の距離が広がることは避けられないため、現代の多くの人々が「食料生産」とのつながりを実感できないのも当然といえるのです。

3章

食料市場の限界

2章で、食料市場とは「社会にとって最も望ましい『食べる』をできるだけ実現するために、自然資源などを無駄なく使って『食料生産』し、その食料を無駄なく分配するための仕組み」と考えることにしました。この章では、この考え方についてもう少し深掘りします。

まず、「社会にとって最も望ましい」の部分は、多くの人々が共有する倫理的な価値判断のことで、世の中には様々な価値判断が存在します。なかでも、経済学で古くから注目されているのが「公平性」で、「より平等であるほど望ましい」という価値判断です。公平性に加えて、この本では、健康改善、環境保護、食の安全性など、他の様々な価値判断も含めて多面的に考えていきます。

次に、「無駄なく使う」や「無駄なく分配する」の部分は、経済学でいうところの「効率性」になります。ただ、経済学で使う「効率性」は、私たちが普段の生活で使っている効率性とは少し意味合いが異なるので、ここで少し説明しておきます。

経済学でいう効率的な状態とは、何かしらの犠牲を伴わずにはそれ以上改善することができな

い状態のことです。たとえば、ある製品の産出量を増やすためには、なにか他の製品の産出量を減らすしかないという状態。または、他の誰かの満足度を下げずには自分の満足度を上げることができない状態などです。

効率性にフェアの精神はない？

経済学での「効率性」の考え方には、公平性などの倫理的な価値判断は含まれていません。倫理的にどのような判断をするかは外生的に決まるものであって、経済学によって導き出せるものではないのです。これは、特に経済学に限った話ではなく、多くの自然科学や他の社会科学にも当てはまります。たとえば、原子力発電について、技術的に優れているかどうかを自然科学の視点から判断することはできますが、その技術が社会にとって望ましいかどうかの価値判断は、自然科学の範疇ではないのです。

そのため、話を市場に戻すと、たとえ市場が効率的だとしても、その市場が倫理的に望ましい結果を実現するとは限らないということです。

たとえば、2人の子供（AさんとBさん）で2枚のクッキーを分ける場合を考えてみましょう。どちらの子も同じくらいクッキーが好きで、できるだけ多くクッキーを食べたいとします。普通に考えたら、1人1枚ずつ分けることになるでしょう。たしかに、これは効率的な分け方の一つです。ですが、Aさんが2枚食べて、Bさんが1枚も食べられない場合も、普通の感覚とは違いますが、経済学的には効率的な分け方の一つになります。なぜなら、クッキーを食べられないというBさんの状況を改善するためには、Aさんが食べるクッキーの枚数を減らす必要があるからです。つまり、Aさんの満足度を下げない限り、Bさんの満足度を上げることはできない状態ということになり、経済学でいうところの「効率性」の条件は満たされるのです。そのため、経済学の効率性を判断基準とすると、どちらの分け方がより望ましいかは決められないということになります。

そこで、「効率性」に加えて「公平性」という価値判断を導入してみましょう。

すると、ここで初めて、Aさんが2枚とも1人占めするよりも、AさんとBさんで1枚ずつ分けるほうが、より公平でより望ましいと判断できるようになるのです。

ただ、価値判断というのは理屈だけではないことも多く、人々の立場や条件次第で判断が変化する場合も少なくありません。たとえば、前述のクッキーの例で、ジャンケンに勝ったほうがクッキーを2枚とも食べられるというルールでゲームをした結果、ジャンケンに勝ったAさんがクッキーを2枚とも手にしたのだとしたらどうでしょうか。ジャンケンをした場合でもしていない場合でも、Aさんがクッキーを1人占めしたという事実に変わりはありません。しかし、ジャンケンという運次第の過程を経たことで、この結果を不公平だと判断する人の割合はかなり減るのではないでしょうか？

「ジャンケンで決めたなら、それはそれで公平だよね」と考えたあなた。それでは、じつはこのクッキー・ジャンケンに勝ったAさんは15歳の中学3年生で、負けたBさんは5歳の幼稚園児だったとしたらどうでしょうか？　たとえジャンケンが公平におこなわれたとしても、中学生が1人占めするのは大人げないと感じる人もいるでしょう。こうなると、Aさんがクッキーを1人占めする結果を望ましくないと判断する人の割合が、また増えるのではないでしょうか。

このように、「公平性」というのは一見わかりやすそうな価値判断なのですが、その過程や条件によって、人々の結果に対する倫理的な価値判断は変わってきます。そのため、特定の人々や特定の時期の価値判断が、必ずしも「社会にとって望ましい」判断になるとは限らないということも覚えておいてください。

市場が力不足な3パターン

食料市場はとても役に立つ仕組みなのですが、それだけで全ての問題を解決できるわけではありません。食料市場だけではうまくいかず、社会的に望ましくない状況に陥っている場合もあります。本書では、そのような場合を、「市場の効率性」と「社会にとって望ましい状況」の関係に注目して、3つのパターンに分けて考えます。この節では、それらのパターンの全体像をざっと説明するにとどめて、5、6、7章で、それぞれのパターンについてより詳しく説明していきます。

①市場が効率的でも起こる問題

まず、食料市場を通して、食料を経済的に無駄なく分配できたとしても、社会にとって望ましい状況を実現できないパターンです。たとえ食料市場が経済学的に効率的だとしても、社会的に望ましい分配にならない場合があるということです。

たとえば、栄養不足と肥満の問題や、食品ロスの問題があります。つまり、売る人と買う人の双方が満足できるような、経済的に無駄のない食料の分配を実現したとしても、途上国の栄養不足の人たちが十分な食料を買えるようになったり、先進国の人たちが食べ残しを減らしたりするわけではないのです。

②市場の失敗で起こってしまう問題

次に、食料市場に任せて分配しても、市場の構造の問題で、経済的に無駄なく分配することができず、社会にとって望ましい状況を実現できないパターンです。経済学で「市場の失敗」と呼ばれている現象です。

たとえば、食の安全性と食品偽装の問題や、肉食が環境に及ぼす問題があります。つまり、食料市場の構造上、一部の売り手が不正を働いたり、環境負荷が無視されたりすることは避けられず、その結果として、不正とは関係のない食品まで売れ残ったり、自然環境が過度に破壊されたりすることがあります。

③政治的な思惑が引き起こす問題

最後に、経済的な効率性よりも感情的な価値判断が優先され、政治など経済以外の理由で市場の仕組みが歪められるパターンがあります。食料は人が生存するために不可欠なため、国や人々が過剰に自己防衛的になり、食料市場の仕組みを歪めるような判断が国内外で広く正当化されるのです。ある程度の歪みは仕方ないのですが、政治的な思惑が加わることで、あまりに過剰な歪みになっている場合も少なくありません。

たとえば、過剰な農業保護政策や、食料の輸出入の制限の問題があります。このような市場を無視した政策は、本来は必要のない補助金や膨大な余剰在庫など、経済的な犠牲の上に成り立っていることが多く、自国の食料市場だけでなく国際食料市場にまで悪影響を及ぼすこともあるのです。

最も望ましい「食べる」とは？

第一部の締めとして、あらためて「社会にとって最も望ましい『食べる』」の意味合いについて考えてみましょう。

ここまで、「安くておいしいものを食べられる」が社会にとって最も望ましい「食べる」だと仮定して話を進めてきました。しかし、この視点がかなり「食べる」に偏っていることに気付いたでしょうか？　ここまで読んできた中で、もしこの仮定にまったく疑問を抱かなかったとしたら、やはり普段のあなたの視点は、かなり「食べる」に偏っていることになります。

たとえば、「食料生産」の視点からみると、望ましいのは「生産コストと環境負荷が低い食品を、できるだけ高く買ってくれる」社会という考え方もありそうです。少なくとも、食品の価格が安いことは、生産者にとってあまり望ましくないことは確かです。

ただ、日本の社会全体でみると、食料を生産している人は数％しかおらず、社会の90％以上の人は「食べる」側の視点になります。そのため、食料市場も「食べる」の視点に偏った仕組みになりがちです。しかし、そのような食料市場は、無駄のない効率的な市場になることはできても、社会全体からみて公平な市場になるかは大いに疑問が残るところです。

たとえば、食料生産による自然環境への負荷を無視した市場では、現在の「食べる」のために自然資源全体の7割を浪費して、100年後の「食べる」のためには全体の3割しか残さない、という不公平な配分になりかねません。

このように、「社会にとって最も望ましい『食べる』」の意味合いは、社会を構成する人々の立場や視点によって変わります。そして、社会全体としてどのような「食べる」を実現しようとするかで、必要とされる食料市場の仕組みも異なり、具現化される社会も異なってくるのです。

つまり、いま目の前にある食料市場や社会の仕組みは、私たちの多くが望ましいと思う「食べる」をできるだけ実現するために形づくられてきたといえます。そして、このことは、私たちが現在、どのような「食べる」を望むか次第で、将来の社会の形が変わってくることも意味しています。

ここで質問です。

あなたは、どのような「食べる」が、社会にとって最も望ましいと考えますか？

「そんなこと、これまで1度も考えたことがない」という人も多いと思います。そして、そのような人にこそ、この本を最後まで読んでほしいと思っています。

これから本書では、「食べる」を中心に据えて、様々な社会問題に関する具体例や、その読み解き方を紹介していきます。まずは、それらを、あなたの普段の食生活にも当てはめてみてください。腑に落ちる部分もあれば、腑に落ちない部分もあるかと思います。そして、その腑に落ちた部分が少しずつ積み重なっていくことで、本書を読み終えるころには、この質問に対するあなたなりの答えが、おぼろげながらもみえてくるはずです。

第二部

飢える人と捨てる人

「食べる」にまつわる社会問題

第二部では、「食べる」、「食料生産」、そして「食料市場」が、どのような社会問題につながっており、なぜそのような問題が起こっているのかについて、事例を交えながら理解を深めていきます。

ただ、実際の事例では、大小様々な要素が複雑に関わり合っており、目に見える事象だけを追っても、結局何が問題の本質なのかわからないかもしれません。そのため本書は、食料経済学の視点からみた問題のエッセンスに注目し、

- 自然の摂理のため避けられない問題　↓4章
- 食料市場の限界に起因する問題　↓5、6、7章
- 「人間らしさ」が解決を妨げている問題　↓8章

の3つのグループに整理しながら、「食べる」にまつわる社会問題を読み解いていきます。

4章

避けられない自然の摂理

自然の摂理に起因して発生する問題は、多くの場合、人の力ではコントロール不能で避けられない問題になります。たとえば、食料生産は自然条件に大きく影響されるため、年によって収穫量が変動することは避けられません。また、人の食べる量に下限と上限があるというのも避けられない摂理になります。この章では、このような摂理が、どのような社会問題の要因になっているかについてみていきます。

食品の値段は変わりやすい

まず手始めに、収穫量をコントロールできないことが社会に与える影響について、「食べる」側と「食料生産」側に分けて考えてみましょう。

「食べる」側への影響としては、食品の値段が不安定になるという問題があります。それも、10％の収穫量の変化が、30％や40％といった何倍もの値段の変化につながるのです。

なぜでしょうか？

ざっくり言って、2つの理由があります。まず、「食料生産」と「食べる」の関係において、収穫量は変わりやすいのに、人が食べる量はあまり変わらない、という自然の摂理があるためです。そして、食料の市場価格が、収穫量（供給）だけでなく、「食べる」側が必要とする量（需要）とのバランスで決まるからです。

このバランスを経済学的に表すと、「市場価格の変化率」は、「供給量の変化率」を「需要の自己価格弾力性」で割った値になる、という関係式になります。ここで、1章の内容を思い出してください。食品の需要は価格にあまり反応しない傾向があるため、食品の「需要の自己価格弾力性」はマイナス1から0の間の値になるという話です。

つまり、食料の場合、「市場価格の変化率」の関係式の中にある、割られる数の「供給量の変化率」は大きくなりやすく、割る数の「需要の自己価格弾力性」の絶対値は1よりも小さくなるということです。そのため、食料の市場価格の変化率は、もともと大きい供給量の変化率よりもさらに大きくなるのです。

たとえば、キャベツの需要の自己価格弾力性がマイナス0・4だとします。すると、豊作でキャベツの供給量が20％増える場合、プラス20％割るマイナス0・4がマイナス50％となり、キャベツの市場価格は50％も下がることになります。逆に、不作でキャベツの供給量が20％減る場合、マイナス20％割るマイナス0・4がプラス50％となり、キャベツの市場価格は50％も上がることになるのです。

農業で安定収入は可能か？

次に、「食料生産」側への影響として、不安定な食料価格は農業による収入も不安定にするという問題があります。

前述のキャベツの例に戻って、豊作で供給量が20％増え、価格は50％下がる場合を考えてみましょう。まず、昨年の供給量が１００kgで価格が１００円／kgだったとします。今年は昨年よりも豊作で、供給量が20％増えて１２０kgになりますが、価格は50％減って50円／kgになります。すると、昨年の売り上げは１００kg×１００円／kgで１万円だったのに、今年の売り上げは１２０kg×50円／kgで６０００円になります。つまり、売る量は増えるのに、売り上げは40％減ることになるのです。いわゆる「豊作貧乏」というやつです。

同様に、不作で供給量が20％減り、価格が50％上がる場合も考えてみましょう。今年は昨年よりも不作で、供給量が20％減って80kgになりますが、価格は50％上がって１５０円／kgになります。すると、今年の売り上げは80kg×１５０円／kgで１万２０００円になります。つまり、売る量は減ったのに、売り上げは20％増えることになるのです。

豊作でも不作でも、生産にかかる費用はあまり変わらないので、売り上げの違いが農家収入の違いにほぼ直結します。

　より具体的な例として、東京都中央卸売市場におけるキャベツの入荷量（トン）と単価（円／kg）の変化をみてみましょう。図１は、各月ごとに、２０１９年と比べた２０２０年の入荷量と単価の変化を表しています。たとえば、２０２０年の１月は、２０１９年の１月に比べて、入荷量が２５８６トン増えたのですが、キャベツの需要は年によってそれほど変わらないため、単価は32円も下がっています。逆に、８月は、入荷量が１０８５トン減ったため、単価が66円も上がっています。

　パーセント変化でみてみると、２０２０年の１月と２月は、２０１９年と比べて入荷量が６〜18%増えたのに対し、単価は31〜38%下がっており、価格の変化率は供給量の変化率の２〜５倍になっています。逆に、２０２０年の３、４、５、８、

図1：2019年と比べた2020年のキャベツの入荷量と単価の変化

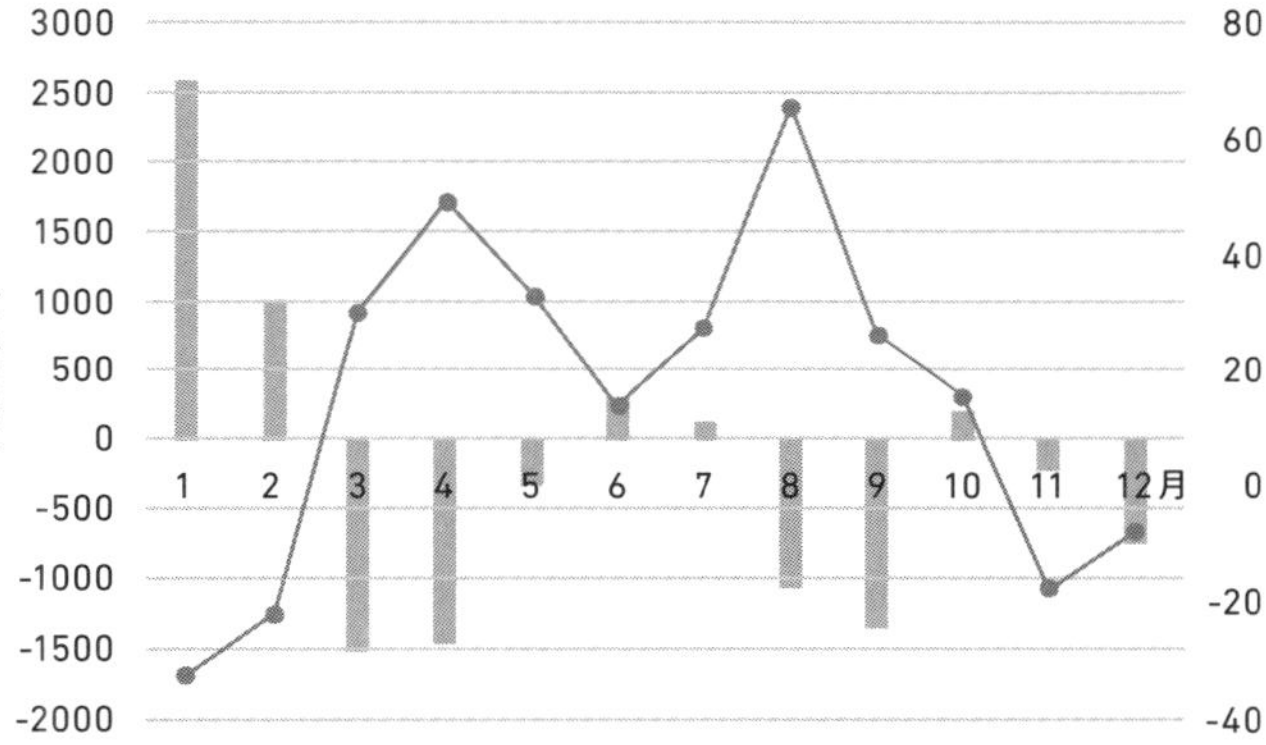

出所：農畜産業振興機構「野菜情報総合把握システム」の東京卸売市場のデータより著者が作成。

９月には、２０１９年と比べて入荷量が３～８％減ったため、価格が25～49％も高くなっています。つまり、価格の変化率は供給量の変化率の３～15倍も大きいということです。

最後に、入荷量に単価を掛けた値を、卸売市場全体のキャベツの総売り上げと考えると、２０１９年１月が約12億７０００万円で、２０２０年１月が10億４０００万円になります。つまり、２０１９年１月に比べて２０２０年１月のほうが、入荷量は２５８６トン増えたのに、総売り上げは２億３０００万円も低くなっています。逆に８月をみてみると、２０１９年８月に比べて２０２０年８月のほうが、入荷量は１０８５トン減ったのに、総売り上げは９億１０００万円も高くなっているのです。

これらの例から、「食料生産」側からみた場合、豊作は必ずしも良いニュースではないということがわかります。先ほど「豊作貧乏」といいましたが、豊作だからといって出荷量を増やしすぎると、市場価格が急落し、逆に売り上げが減って損をしてしまいます。そして、豊作貧乏を避けるための自衛策として、農家は不本意ながらも、とれ過ぎた農作物を廃棄せざるをえないこともあるのです。

一方で、「食べる」側からみると、豊作によって農産物が安くなるのは喜ばしいニュースでしょう。それに、とれ過ぎた食料を廃棄していると聞いたら、もったいないと非難する人もいます。至極当然の反応ともいえます。しかし、その認識はかなり「食べる」側に偏っているかもしれません。

このように、「食料生産」側と「食べる」側の認識が大きく異なることは少なくありません。そのような場合、どちらが正しいという話ではなく、認識が異なるという事実を知っておくことが重要になります。

作物は1日にしてならず

「食料生産」側にとってさらに大変なのが、農業生産では種まきをして収穫できるようになるまでの栽培期間が長いということです。そして、栽培期間中は、農業生産のためのコストと時間はかかるものの、それによる収入はまったく得られません。そのため、もし天候不順などで収穫量が減ったり、豊作で価格が急落したりすると、すでに投入した生産コストを回収できず、借金を抱えることになりかねません。

また、長期的な生産計画を立てて、大型の農業機械やビニールハウスなどを導入している農家は、初期投資として数千万円の借金をしていることも多く、5年や10年に1度でも大きな天候不順や自然災害に見舞われると、とたんに借金の返済が苦しくなります。このようなリスクは決して小さくないうえに、農家にはなんの落ち度がなくても、回避することは難しいのです。

また、栽培期間は作物によって異なり、穀物や果樹は栽培期間が長い傾向があります。たとえば米の場合だと、4、5月あたりに種まきして、9、10月ごろに収穫するため、だいたい5か月の栽培期間が必要になります。また、果樹の管理ともなると、収穫できるようになるまでに3～5年かかり、新しい樹に更新するまでには、寿命が比較的短い桃でも7年ほど、リンゴだと20年ほどにもなります。

そして、栽培期間が長いほど、種まき時点での、収穫量や価格に関する「不確かさ」が大きくなります。農業生産を一度始めてしまうと、途中で生産量を調整することが難しいためです。また、前述したように、多く生産すればいいというわけでもないのが難しいところです。農家は、このような避けられない不確かさがあるなかで、収穫時期以降の市場での流通量や単価などを予測しながら、年間の生産計画を立てる必要があるのです。このような経営的な難しさも、農業の担い手が減っている要因になっています。

一方、野菜の栽培期間は比較的短く、葉物野菜などは種まきから1か月ほどで収穫できるものも多くあります。なかには、モヤシやカイワレ大根のように栽培期間が7～10日と短いものもあります。

栽培期間が短い作物であれば、ハウス栽培や植物工場など、より工業製品に近い生産方法が可能にはなります。短いサイクルで生産量を調整できるため、収穫量や価格に関する不確かさも小さくなります。ただ、この手の作物は栽培が簡単ゆえに、付加価値を付けにくかったり、価格競争が厳しかったりと、別の難しさがあるのです。

そして、世界的な視点でみてみると、こうした農家が直面しているリスクの影響は、先進国よりも途上国のほうが格段に大きいといえます。

というのも、途上国では、お金を借りるための制度や損害に対する保険の制度、社会的なセーフティーネットなどの整備が、まだまだ不十分なことが多いからです。そのため、農家にはどうしようもできないリスクであっても、農家自身が一手に背負わなければなりません。そして、途上国の農家は低所得者層であることが多いため、1度の天候不順などで、深刻な貧困状態に陥ることも少なくないのです。

一方で、少なくとも先進国では、食料の栽培期間による時差を「食べる」側が実感する機会はあまりありません。なぜなら、流通の段階で色々と工夫することで、そのような時差が「食べる」側に与える影響を最小限に抑えているからです。具体的な工夫の内容については、第三部で詳しくお話しします。

気候変動と食料の複雑な関係

さて、ここからは視点をガラッと変えて、地球規模での避けられない自然の摂理である、気候変動の影響についてみていきます。

2020年7月より、日本でもコンビニやスーパーのレジ袋有料化が義務化されました。これが気候変動対策の一環であることはご存じでしょうか？　つまり、プラスチックの製造や廃棄によるCO_2排出量を減らして、地球温暖化を抑えようという取り組みです。この例からもわかるように、世の中の気候変動への問題意識は、ここ数年でますます高くなっています。

そして、「食料生産」は天候に大きく依存しているため、間違いなく気候変動の影響を受けるといわれています。ここでの気候変動とは、地球温暖化だけでなく、それによって引き起こされる降水量の変化、自然災害の増加、海水温の上昇なども含めた変動のことです。

なかでも、食料生産への影響が特に大きいと懸念されているのが、干ばつ、豪雨、洪水といった異常気象の発生頻度と深刻度が増している問題と、水不足の問題です。しかし、その影響は、多くの人たちが思っているほど単純なものではなく、時期や地域によって異なっていると予測されています。

たとえば、「気候変動に関する政府間パネル（ＩＰＣＣ）」という国際的な専門家で構成される機関は、２１００年までに世界の平均気温は１・８℃から３・４℃上昇すると予測しています。また、日本では、２１００年までに平均気温が２・１℃から４・０℃上昇すると予測されています。

と、ここまで話を聞いたところで、「１００年でたった1℃や2℃気温が上がるだけで、何が問題なの？」と感じる人もいるかもしれません。

その気持ち、よくわかります。私も頭ではわかっているものの、それほど実感をもって書いているわけではありません。

とはいえ、これまでの数多くの科学的研究から、かなり高い信頼度で、平均気温が1℃上昇するだけでも、異常気象の発生頻度と深刻度が上昇すると予測されているのです。また、サンゴ礁や北極の海氷などのシステムが危機的な影響を受け、マラリアなど熱帯の感染症も拡大し始めるといわれています。

しかしその一方で、平均2℃までの上昇なら食料生産への影響は限定的で、むしろ気温上昇によるプラスの効果によって収穫量は増えると予測されています。ただ、上昇が平均2℃を超えると、気温上昇によるプラスの影響よりも、異常気象や病害虫などによるマイナスの影響のほうが大きくなり、収穫量が減り始めます。そして、平均で3℃を超える上昇となると、利用可能な水も不足し始めて、収穫量がさらに減少すると予測されています。

また、ここまでの話はあくまで平均の気温上昇についてなので、実際にどれくらい気温が上がるかは、地域によって大きく異なります。たとえば、これまでに観測された気温変化から、北半球の中・高緯度で特に上昇率が高いことがわかっています。沿岸部に比べて、内陸部のほうが気温の上昇が大きくなるという傾向もあります。そのため、世界平均では1℃の上昇でも、北半球の中・高緯度の内陸部では3℃以上上昇する可能性も十分あるわけです。そうなってくると、それらの地域での収穫量は減少することになります。そして、世界的な穀倉地帯である北米のプレーリーやウクライナの黒土地帯というのは、北半球の中・高緯度の内陸部にあるのです。

さらに、気候変動による降水量の変化にも地域差があります。水不足になる地域が増える一方で、大雨による災害が増える地域もあると予測されています。特に、地中海沿岸、中央アメリカ、アフリカやオーストラリアの亜熱帯地域において、降水量が大幅に減少すると予測されています。一方、南アジア、東アジア、東オーストラリア、北ヨーロッパの主要な農業生産地域では、降水量が大幅に増加することによる自然災害のリスクが高まると予測されているのです。[*1]

ＩＰＣＣは、このような地域差を考慮に入れて、気候変動が主要な穀物（小麦、トウモロコシ、米、大豆など）の生産量に与える影響についてシミュレーションしています。それによると、２０３０年あたりまでは、気候変動によって食料生産量が減少する地域よりも増加する地域のほうが多く、世界全体としての食料の収穫量は増えると予測しています。しかし、それ以降も気温が上昇し続けることで、２１００年にかけて、食料生産が減少する地域が全体の4分の3以上を占めるようになり、世界全体として食料の収穫量は大幅に減ると予測しているのです。

国際食料市場がますます重要に

もう一つ強調しておきたい点があります。それは「気候変動がもたらす結果」の地域格差です。気候変動の影響に地域差があることは、すでにお話ししました。それに加えて、気候変動への対策をどれだけできるかにも地域差があるということを考えなくてはなりません。つまり、「影響の地域差」と「対策の地域差」が合わさることで、気候変動がもたらす結果の地域差が一段と大きくなることが懸念されています。

２１００年までには、気候変動の影響によって食料の収穫量が減少するというリスクを、世界の大半の地域が共通して抱えています。しかし、そのリスクの度合いは、どれだけ気候変動への対策ができるかによって変わってくるのです。

たとえば、先進国など経済的に豊かで技術力のある国や地域は、気候変動に適応した農業技術の開発やインフラの整備などの対策ができるため、リスクを最小限に抑えることができます。

一方、途上国など経済的な余力や技術力がない国や地域は、自力でそのような対策をとることは難しく、気候変動によるマイナスの影響を、無防備なまま、もろに受けることになります。そのため、多くの途上国の食料生産は、すでに不足しているにもかかわらず、気候変動によって、先進国よりも早い時期からより大きな被害を受けると予測されています。[*2]

ＩＰＣＣは、社会経済的な影響を除いた気候変動だけの影響によって、世界の飢餓人口が４０００万〜1億７０００万人増えると推定しています。[*3] 特に、サブサハラ・アフリカ（アフリカのサハラ砂漠以南の地域）への影響が大きく、２０８０年までに、飢餓人口の約75％がこの地域に集中するというのです。ただ、飢餓人口への影響に関しては、気候変動の影響よりも、社会経済的な影響のほうがはるかに大きいともいわれています。

気候変動によって食料生産量の地域格差が拡大するということは、つまり、国際的な食料の取引量が増加する可能性をも示唆しています。

特に、中・高緯度の国々から低緯度の国々への食料の輸出が増加すると予想されます。そして、多くの途上国において、食料輸入への依存度が高まるでしょう。このことは、食料不足問題を軽減するために、国際食料市場の役割が一段と重要になることを意味しています。

もっとも、国際食料市場のそのような役割はかなり限定的かもしれません。というのも、２１００年にかけて、気候変動の影響で食料の供給が減少するにもかかわらず、人口増加によって食料の需要は増加するため、国際的な食料価格は実質的に上昇すると予測されているからです。

そのため、気候変動によって深刻な収穫量の減少が予測される途上国は、国際的な食料価格の上昇によって、輸入できる食料の量も減ることになるため、これまでよりもさらに深刻な食料不足に悩まされる可能性が危惧されているのです。

＊1　ここでの議論は、Christensen et al.（2007）に基づく。

＊2　Alexandratos（2005）を参照。

＊3　ここでの議論は、IPCC（2014）に基づく。

5章

市場が効率的だとしても

5章から7章までは、「食料市場の限界に起因する問題」についてです。3章で取り上げた「食料市場が力不足な3パターン」に対応させながら、3つの章に分けてお話しします。まず5章では、「市場が効率的でも起こる問題」に注目します。具体的な事例として、「栄養不足と肥満」および「食品ロス」の問題についてみていきます。

「栄養不足と肥満」のどちらも増えている

近年で最もわかりやすい世界的な不平等の一つが、栄養不足と肥満の共存です。そして、たとえ食料市場が効率的になったとしても、市場の仕組みだけでは、この問題を解決することは難しいと思われます。

図2は、2000年から2016年までの、世界における栄養不足と肥満の割合と人数の変化を示しています。折れ線が割合で、縦棒が人数になります。ちなみに、栄養不足に関する推計値

はすべての年齢を対象としており、２０２０年の値まで発表されています。一方、肥満に関する推計値は18歳以上の大人に関するもので、２０１６年の値までしか発表されていません。

図２より、２０００年以降、栄養不足の割合は減少傾向にある一方で、肥満の割合は直線的に増え続けていることがわかります。そして、２００８年には、栄養不足と肥満の割合が逆転しています。ただ、栄養不足の割合は２０１４年を過ぎたあたりからほとんど減っていません。

より詳しくみてみましょう。まず、世界における栄養不足の割合は、２０００年の13・０％から２０１６年の８・３％まで減りましたが、２０１４年以降ほぼ横ばいで８％台のままです。しかし、世界人口は増加しているので、割合が変わらないということは、人数は増えているということになります。人数でみると、２００４年の８億５１００万人をピー

図2：世界の栄養不足と肥満の割合および人数

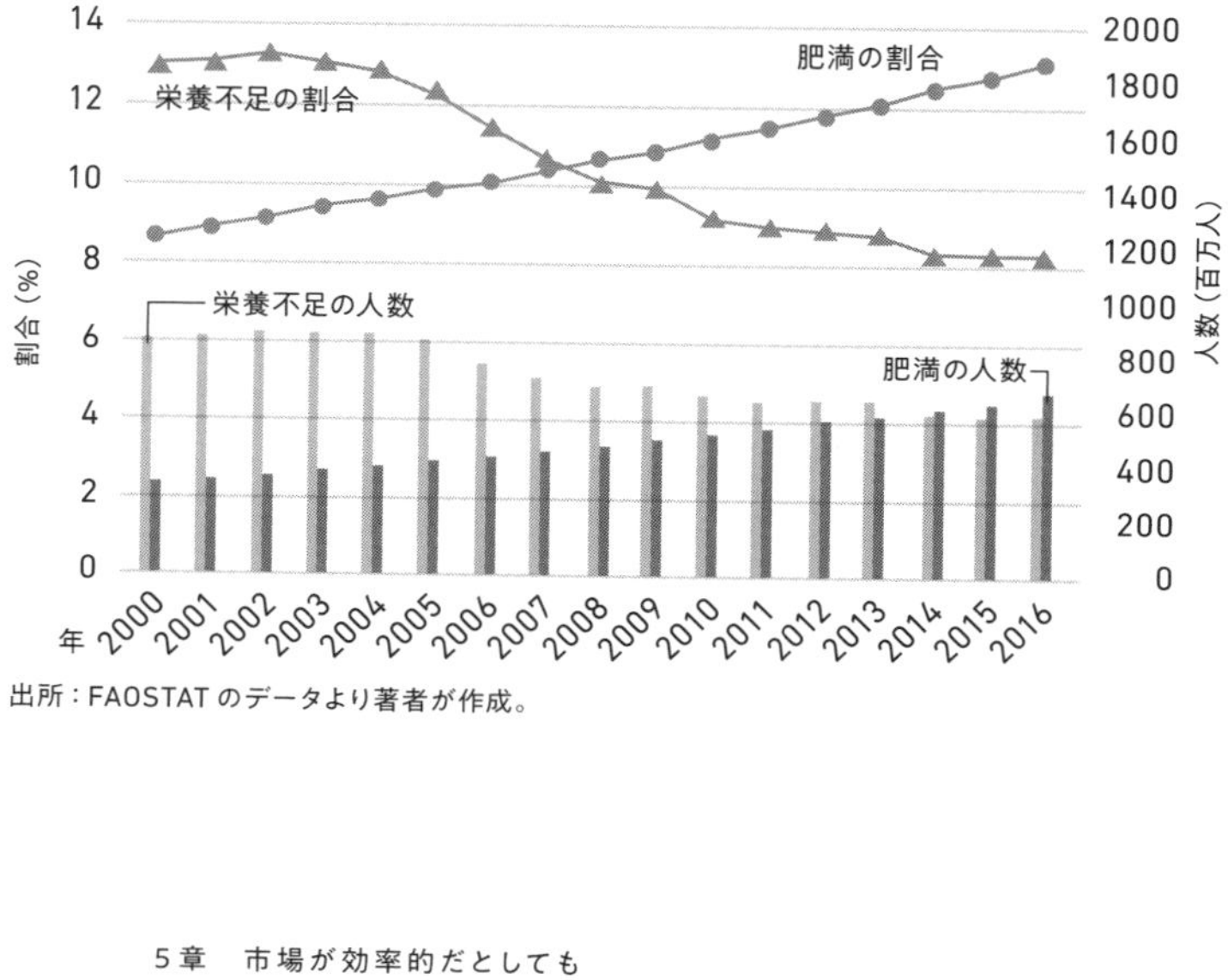

出所：FAOSTATのデータより著者が作成。

クに、２０１４年には6億６９０万人にまで減少しましたが、それ以降また増え始めて、２０１６年には約6億１９６０万人にまでなっています。余談ですが、２０２０年は新型コロナの影響で、栄養不足の割合と人数は、９・９％と7億６８００万人にまで急激に悪化しています。

対照的に、肥満の割合は、２０００年の８・７％から２０１６年の13・1％まで、コンスタントに増え続けています。また、18歳以上の人口は増加しているので、肥満の人数は割合以上に増えていることになります。より具体的には、18歳以上の肥満の人数は、２０００年の3億３９８０万人から、２０１６年の6億７５７０万人まで、2倍近く増えているのです。子供の肥満も含めると、人数の増加はさらに多くなります。

このように、世界全体でみた場合、２０１４年以降、栄養不足の割合は減らずに肥満の割合が増えて、栄養不足と肥満の両方とも人数が増えているのです。

世界の食料は足りているのに…

ここで強調しておきたいのは、世界全体でみると、いまのところ全人口を養うのに十分な食料供給量があるはずだということです。ＦＡＯの２０２０年のデータ（3年平均）では、95項目の主な食品の供給量（食用のみ）から、世界の平均カロリー供給量は1日1人当たり２９５０kcalと推計されています。日本の平均カロリー供給量が1日1人当たり２７１６kcalなので、世界平均は日本平均よりも多いくらいなのです。

一方、たとえば、米国の平均カロリー供給量は1日1人当たり3786kcalとかなり高いのに、最貧国であるアフガニスタンやリベリアでは1日1人当たり2277kcalや2147kcalとかなり低く、国の間で大きな差があることがわかります。

このような食料供給の地域格差の結果として、栄養不足と肥満の分布も地域間で大きな差がみられます。2020年のデータ（3年平均）によると、栄養不足の割合は世界全体で8・9％ですが、アフリカでは19・0％あり、なかでもサブサハラ・アフリカでは21・8％と特に高くなっています。次に高いのが南アジアで14・1％です。一方、栄養不足の人数が最も多いのは南アジアで2億6950万人、次にサブサハラ・アフリカで2億3200万人です。この2地域だけで、世界の栄養不足人口の約73・3％を占めています。

先ほどの例で出てきた、アフガニスタンとリベリアでの栄養不足の割合は25・6％と38・9％で、予想通りかなり高くなっています。米国や他の先進国における栄養不足の割合は、FAOでは2・5％未満とあるだけで、人数なども発表されていませんが、かなり低いことだけは確かです。

次に、2016年時点での肥満の地理的な分布もみてみましょう。世界全体の肥満の割合（18歳以上）は13・1％で、割合が高いトップ4地域は、北アメリカ35・5％、中南米24・2％、ヨーロッパ22・9％、アフリカ12・8％となっています。人数でみた場合は、ヨーロッパ1億3

840万人、中南米1億600万人、北アメリカ9870万人、アフリカ8150万人になります。これら4地域で、世界の肥満人口の約62・8%を占めています。先ほどの例に出てきた国をみてみると、肥満の割合は、米国で36・2%。アフガニスタンで5・5%、リベリアで9・9%になります。ちなみに、日本では4・3%です。

貧しい国でも肥満が増えている

意外なことに、最貧国では栄養不足だけでなく肥満の割合も、日本よりも高いことがあるのです。

実際、アフリカは、栄養不足と肥満の両方の割合が高い地域になっています。たとえば、リベリアでは、約10人中4人が栄養不足で、約10人中1人が肥満という状況です。リベリアが特に珍しいケースというわけではなく、程度の違いはありますが、最近の低所得国で広くみられる現象です。その結果として、図2でみたような、栄養不足は減らずに肥満は増えるといった変化が起こっているわけです。

ここで、国の所得レベルと、栄養不足と肥満の分布の関係もみてみましょう。表2は、世界銀行の基準を使って、世界の国々を低所得から高所得までの4つの所得グループに分け、各グループでの栄養不足と肥満の状況をまとめたものです。所得が高いほど栄養不足が少なく、肥満が多くなることがわかります。

ただ、所得が上がるにつれて栄養不足は急速に減るのに比べ、所得が下がっても肥満はそれほど減りません。結果として、栄養不足の割合は低所得国の28・9％から高所得国の2・5％未満まで11倍以上の差がありますが、肥満の割合は高所得国の24・3％から低所得国の7・3％まで3倍ほどの差しかありません。

さらに、２０１４年以降、低所得国では栄養不足と肥満の両方の人数が増えているのです。栄養不足の割合は増えていないのですが、人数は２０１４年の１億５６８０万人から２０２０年の２億７４０万人にまで増えています。また、肥満の割合は２０１４年の６・８％から２０１６年の７・３％に増え、同じ時期に人数は２０００万人から２２９０万人に増えています。

同様の傾向は、低中所得国でもみられます。低中所得国でも、栄養不足の人数は２０１４年の３億５５８０万人から２０２０年の４億３５９０万人に増えて、肥満の人数は２０１４年の１億１１８７万人から２０１６年の１億３３５０万人に増えているのです。

表2：国の所得レベルごとの栄養不足と肥満の割合および人数の関係

	低所得国	低中所得国	高中所得国	高所得国
栄養不足（2019年）				
割合	28.9%	14.8%	3.9%	2.5% 未満
人数	2億740万人	4億3590万人	1億1320万人	–
肥満（2016年）				
割合	7.3%	7.6%	13. 1%	24.3%
人数	2290万人	1億3350万人	2億7720万人	2億3140万人

出所：FAOSTATのデータより著者が作成。 注：肥満のデータは2016年が最新。栄養不足のデータは、2018-2020年の3年平均で、高所得国の人数は報告されていない。

栄養不足と肥満は同時に減らせないのか？

栄養不足と肥満の問題は、私が大学院生のころから取り組んでいる問題です。２００４年ころに研究を始めた当初は、「先進国の肥満の人々が食べ過ぎている分の食料を、途上国の栄養不足の人々に再分配すればいい」と考えていました。そうすることで、食料の総生産量が変わらずとも、栄養不足と肥満の両方を減らすことができ、一石二鳥に思えたからです。

ただ、色々と調べていくうちに、食料市場がどんなに効率的になっても、そのような再分配を実現するのはかなり難しいと考えるに至りました。

というのも、当たり前のことですが、市場で食料が供給されるのは、利益の出る価格で買ってくれる人がいるからです。そう考えると、肥満の人たちが食べ過ぎている分の食料は、利益の出る価格で買ってもらえるから生産されているといえます。一方で、多くの栄養不足の人たちは十分な食料を買うだけの経済力がありません。そのため、肥満の人たちが食べる量を減らしたとしても、その減らした分の食料を栄養不足の人たちが追加で買えるようになるわけではないのです。

つまり、先進国の肥満の人たちが食べる量を減らしたとしても、減らした分の食料がそのまま途上国の栄養不足の人たちの手元に届くわけではないということです。そのため、市場という枠組みの中では、肥満の問題と栄養不足の問題は、別々に考える必要があります。

似たような話で、たまに「先進国の食品ロス」と「途上国の食料不足」を直接的につなげる人がいますが、現実はそれほど単純ではありません。というのも、先進国の食品ロスを減らしても、食品ロスだった分の食料が途上国に送られるわけでも、途上国の経済力や農業生産性が改善するわけでもないからです。つまり、途上国における食料の輸入量や生産量は増えず、食料不足の問題も改善しないというわけです。

一方で、栄養不足と肥満を減らすために共通して重要な対策があります。それは、食生活の改善です。そして、現在の国際的な食料分配を変えずとも、それぞれの国で人々の食生活が改善されれば、世界の栄養不足と肥満を同時に減らすことも可能なはずなのです。しかし、現実には人々の食生活を改善するのはなかなか難しく、その難しさの根底に「人間らしさ」の問題があります。この問題については8章で詳しくお話しします。

「食品ロス」に魚の骨は含まれるのか？

ここからは、「食品ロス」について、より深くみていきます。

いきなり質問です。

「魚の骨を捨てることは、食品ロスになるのでしょうか？」

答えは、「食品ロス」にはなりませんが、「food loss（フード・ロス）」にはなります。

これを聞いて、「はっ?」とならないでしょうか。なぜこんな答えになるかというと、食品ロスの定義が、国や地域で異なるからです。

日本での「食品ロス」とは、「本来食べられるにもかかわらず廃棄されている食品」のことです。たとえば、飲食店や家庭での食べ残し、賞味期限や消費期限の切れた食品、輸送過程で外箱だけ汚れたり破損したりして売れなくなった食品などです。一方、野菜くず、果物の種、魚の骨、卵の殻などの「食べられない部分」も含めた廃棄される食品は、「食品廃棄物」と呼ばれています。しかし、このような「食品ロス」と「食品廃棄物」の定義は、日本特有のものなのです。

SDGsなど国連で使われているフード・ロス指数では、日本とは異なり、廃棄される食品を、食べられる、食べられないで分けていません。また、食料供給システム全体における食品の廃棄を「food loss（フード・ロス）」と「food waste（フード・ウェイスト）」の2つに分けています。

「フード・ロス」とは、食料供給システムの中でも上流部分での食料廃棄物のことで、「農家、運搬・貯蔵業者、加工・包装業者などによる決定や行動に起因する食料の廃棄や損失」になります。一方、「フード・ウェイスト」は食料供給システムの中でも下流部分での食料廃棄物のことで、「小売業者、外食産業、および家庭による決定と行動に起因する食料の廃棄や損失」となります。

これら4つの用語の大まかな関係を、図3にまとめています。図3では、食品の生産から消費までの流れを、①収穫前、②収穫、③農場での収穫後、④運搬・貯蔵、⑤加工・包装、⑥外食・

小売り、⑦家庭消費の7つの段階に分けています。

「フード・ロス」は、③、④、⑤の3つの段階で廃棄された食品で、「フード・ウェイスト」は⑥、⑦の2つの段階で廃棄された食品になります。そして、日本の「食品廃棄物」は、出荷後からなので、④、⑤、⑥、⑦の4つの段階で廃棄された食品のことで、そのうちの食べられるのに廃棄された食品が「食品ロス」になります。

つまり、日本の「食品廃棄物」は、「フード・ロス」の一部と「フード・ウェイスト」を合わせたものになり、「食品ロス」はさらにその一部ということになります。言葉の定義だけをみると、「食品廃棄物」は、「フード・ロスとフード・ウェイストの合計」と言えなくもないのですが、農水省が公表しているデータには「フード・ロス」の一部しか含まれていません。

たとえば、豊作で農家が市場に売らずに処分する農産物などは、「農場での収穫後」の段階での廃棄となり、「食品廃棄物」や「食品ロス」には含まれていませんが、

図3：「フード・ロス」「フード・ウェイスト」「食品廃棄物」「食品ロス」の関係

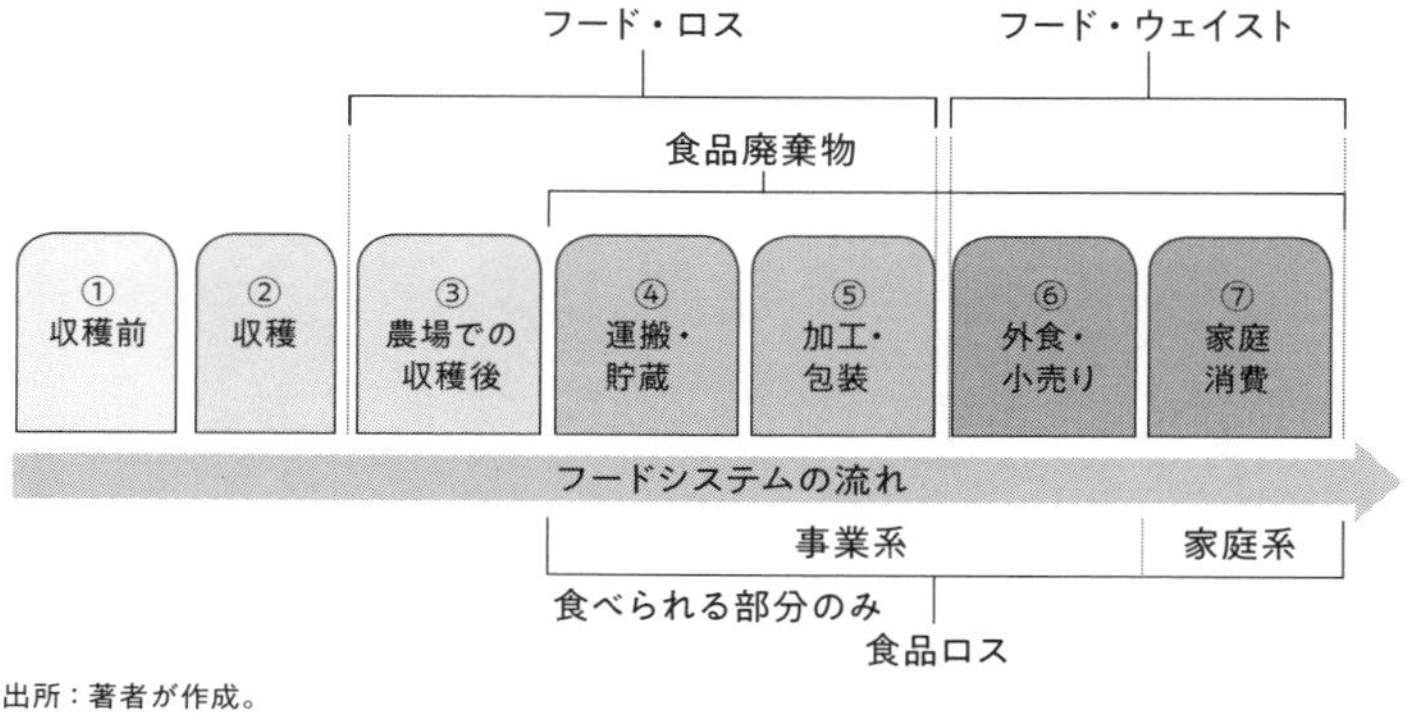

出所：著者が作成。

「フード・ロス」には含まれています。一方、図3の①での病害虫などの被害や、②での収穫中のロスは、どの定義にも含まれていません。ただ、これら段階でのロスも減らす必要があることは確かです。

このような違いがあるせいで、日本と他の国との間では、食品ロスに関するデータを単純に比べられません。そのため、これ以降、日本と世界における食品ロスの状況について別々にみていくことにします。

捨てられる日本の食料

まずは、日本の場合をみていきましょう。

農水省は、２０１８年度の食品廃棄物の量は約２５３１万トンで、そのうちの約６００万トンが食品ロスだったと推計しています。２０１８年に日本で出荷された食料の全体量は約８３３０万トンなので、食品廃棄物は、日本で出荷された食料全体の約30％にもなります。また、食品ロスは、出荷された食料全体の約７％、食品廃棄物の約24％になります。

年間約６００万トンの食品ロスというのは、単純計算で、１人当たり年間約47kgの食品ロスになります。これがどれくらいの量かというと、パンの１人当たり年間消費量とほぼ同じ量になります。総務省によると、２０１７〜２０１９年のパンの平均年間消費量は１人当たり約45kgということです。２０１８年度の米の１人当たり年間消費量は約54kgなので、それよりは少し少ないくらいです。

また、日本では「食品ロス」を、「事業系食品ロス」と「家庭系食品ロス」に分けています。図3でいうと、「事業系食品ロス」は、④運搬・貯蔵、⑤加工・包装、⑥小売り・外食の段階で食べられるのに廃棄された食品になり、「家庭系食品ロス」は、⑦世帯消費の段階で食べられるのに廃棄された食品になります。そして、これらカテゴリーも、ＳＤＧｓの定義とは異なります。

「食品ロス」の内訳は、事業系食品ロスが約３２６万トン、家庭系食品ロスが約２７６万トンです。さらに細かく、食品製造業、食品卸売業、食品小売業、外食産業、一般家庭の発生場所ごとでみると、それぞれ、１２６万トン、16万トン、66万トン、１１６万トン、２７６万トンとなります。つまり、一般家庭で発生する食品ロスが最も大きいということです。事業系食品ロスの中では、外食産業による食品ロスが最も大きくなっています。

時間的な変化をみてみると、２０１２年度の食品ロスは約６４２万トンだったので、その後の6年間で約42万トン減少したことになります。内訳をみると、事業系食品ロスは、約３３１万トンから３２４万トンに、家庭系食品ロスは約３１２万トンから２７６万トンに減少し、家庭系の減少幅のほうが大きくなっています。また、事業系食品ロスの中では、食品製造業の食品ロスが11%減少しましたが、他の発生場所では微減もしくは微増しただけでした。食品ロスが大きいわりに改善がみられない外食産業は、今後改善すべき余地が大きいといえます。

世界の食品ロスのパターン

世界の状況もみてみましょう。国連のデータを使う場合、「フード・ロス」と「フード・ウェイスト」に分けてみていくことになります。食料供給システム全体での損失でみたとき、おおまかな傾向として、途上国では「フード・ロス」の割合が大きく、先進国では「フード・ウェイスト」の割合が大きいといわれています。

「フード・ロス」については、ＦＡＯが開発した「Food Loss Index（フード・ロス指数）」という指標を使います。そして、「フード・ウェイスト」については、国連環境計画（ＵＮＥＰ）が開発した「Food Waste Index（フード・ウェイスト指数）」という指標を使います。ただ、２つの指数の間では、推計に使われている国やデータ期間が異なり、公表した形式も異なるため、かなりわかりにくい状況になっています。

まずは、ＦＡＯのフード・ロス指数によると、世界では、農場での収穫後から加工・包装までの段階で、２０１６年には約13・8％の食料が失われています。また、ＦＡＯは8つの地域に分けてフード・ロス指数を推計しています。それによると、食料の損失率が最も高いのは、中央・南アジアの20〜21％で、２番目に高いのが北アメリカとヨーロッパの15〜16％になります。一方、食料の損失率が最も低いのは、オーストラリア&ニュージーランドの5~6%で、2番目に低いのが東・東南アジアの7~8%になります。

面白いのは、所得レベルが最も低いと思われる、サブサハラ・アフリカの損失率が13~14%で、特に高くも低くもないということです。

このような損失率の地域的な違いは、収穫後の運搬・加工・貯蔵技術の違いに加えて、食生活の違いも影響しています。というのも、このような損失率は、作物の種類によっても大きく異なるからです。たとえば、アフリカでよく食べられているキャッサバは特に傷みやすいため、サブサハラ・アフリカの損失率が所得レベルのわりに高くなった可能性があります。

次に、UNEPによるフード・ウェイスト指数を使って、小売り、外食、家庭消費の段階における食料の損失についてみていきます。UNEPは、国の所得水準によって4つのグループに分け、各グループの1人当たり年間損失量の推計値を公表しています。また、手に入るデータの性質上、各グループ内で、さらに3つの発生場所に分けて推計しています。これにより、おおまかではありますが、日本の推計値との比較も可能になっています。

次ページの表3は、UNEPによる推計値と、それに対応する日本の損失量の概算値をまとめています。ただ、推計するために使われた国の数がかなり少なく、国際的な比較をするにはまだまだ心もとない状況です。低所得国グループにいたっては、すべての発生場所でデータ不足ということで、推計値はいっさい公表されていません。

ただ、限られたデータの中でも、いくつか面白い発見もあります。まず、家庭消費における食料の損失量は、国の所得レベルではあまり変わらないということです。高所得国と低中所得国の間で、国の所得レベルは3倍から12倍の差があるのですが、家庭消費における食料の損失量は、むしろ低中所得国のほうが15%も高くなっています。

また、日本の1人当たりの食料の損失量（食品廃棄量）は、世界の平均的な量と比べると少ないと思われます。家庭消費における損失量は、すべての所得グループより20%以上低くなっています。また、高所得国グループの外食産業と小売業の損失量と比べても、日本の損失量のほうが24〜35%低くなっています。

一方で、日本と高所得国グループの間で、3つの発生場所の損失量の割合はかなり似ています。どちらとも、家庭消費の割合が66〜68%と最も大きく、外食産業の割合が19〜22%と2番目に大きくなっています。このことは、日本も高所得国の一つなので、フードシステムの構造が似ているからだと考えられます。

表3：1人当たり年間平均フード・ウェイスト

（kg／1人／年）

	家庭消費	外食産業	小売業
高所得国	79 kg（28カ国）	26 kg（18カ国）	13 kg（20カ国）
高中所得国	76 kg（12カ国）	データ不足	
低中所得国	91 kg（10カ国）	データ不足	
日本	60 kg	17 kg	10 kg

出所：UNEP（2021）と農林水産省（2021）のデータより著者が作成。
注：丸カッコ内は、データが入手できた国の数。

食品ロスの削減は誰のため？

ここまで読んで、多くの食料が捨てられていることがわかったと思います。特に、日本だけで約600万トンもの本来食べられる食品が捨てられていると聞くと、「もったいない」と感じる人も多いでしょう。そして、「もったいない」から食品ロスを減らすべきだ、となるのは当然の流れです。

ただ、食品ロスを削減するべき理由は、それだけではありません。理由は、大きく3つあります。そして、それぞれの理由ごとに、主に「誰のため」かに違いがあります。

1つ目の理由は、フードシステムの効率性の改善です。

これは、食料の供給と消費における無駄を減らすということで、主に現世代の人たちのためになります。「もったいない」という視点も、ここに含まれます。どのような無駄があるかというと、たとえば、廃棄される食品の生産や流通に使われた水や生産資材などが無駄になったり、食品ロスの焼却のために税金が使われたり、食品ゴミに含まれる水分のせいで焼却施設の発電効率が下がったりします。また、家庭での食品ロスは、食べない食品にお金を支払っているということなので、食品ロスを減らすことで無駄な支出を減らすことができます。このように、フードシステムの無駄を減らすことで、社会全体としては、無駄な資源の利用や支出を減らすことができるのです。

2つ目の理由は、持続可能性の改善です。

これは、未来の食料生産に必要な自然資源をより多く残すということで、主に将来世代の人たちのためです。捨てられる分の食料生産を減らすことで、温室効果ガス（GHG）の排出を削減したり、水資源を節約したりできるからです。たとえば、ハンバーガー1個の生産を減らすだけで、水3000リットルを節約できるといわれています。これは、ハンバーガーに使われている牛肉を生産するため、つまり牛を育てるために、大量の水が消費され、大量のGHGが排出されているからです。

3つ目の理由は、食料保障の改善です。

これは、食料不足に苦しむ国での食料供給量を増やすということで、主に現在と未来の途上国の人たちのためです。途上国における食品ロス（もしくはフードロス）の多くは、収穫後から小売り店に届くまでの段階で発生しています。そのような国内の食品ロスを減らすことで、生産量は変わらずとも、消費者まで届く食品の総量を増やすことができるのです。

もう1つ、みなさんに知っておいてほしいことがあります。それは、食品ロスの削減によって、すべての人が得をするわけではないということです。つまり、食品ロスを削減するためには必ずコストが発生し、誰かがこのコストを負担することになるということです。

たとえば、家庭での食品ロスを減らして食品への支出を減らすということは、その食品の売り上げが減るということです。そのため、その食品の生産に関わっている人たちや企業の収入も減ることになります。また、食品ロスの処理やリサイクルで収入を得ている人たちや企業の収入も減る可能性があります。

加えて、食品ロスをリサイクルすることで削減しようとするとき、リサイクルするための追加の費用や資源が必要になります。たとえば、飲食店やスーパーで廃棄される食品を、堆肥や飼料にリサイクルする取り組みがあります。しかしそのためには、専用施設まで運んで肥料化や飼料化する作業が伴うため、追加の費用や燃料が必要になります。そして、その追加コストは、一部は税金が使われるなどして、誰かが負担する必要があるのです。

なぜ食品ロスはなくならない？

食品ロスをゼロにすることは、本来食べられる食品の廃棄をなくすということだけを考えたとしても、きわめて非現実的です。また、もし強制的にゼロにできたとしても、そのような状況が、社会にとって最も望ましい状況だとは思えません。誤解しないでほしいのですが、食品ロスをさらに削減することは可能だと思います。ただ、ゼロにはできないという意味です。

これには、もちろん理由があります。4章で説明したように、食料の生産は天候などに大きく依存しており、栽培期間も長いため、工業製品のように需要に合わせて生産量を細かく調整できないからです。そのうえ、食料の特性上、長期間保存できない作物も少なくありません。一方で、人間が一定期間に食べられる量には上限があります。そのため、気候、病害虫、豊作時の生産調整などが原因で発生する食品ロスをゼロにすることは、ほぼ不可能だといえます。

もし、自然の摂理を無視してまで食品ロスをゼロにしようとすると、社会に大きな歪みを生じさせる可能性があります。たとえば、極端な例ですが、その年の食料の収穫量に合わせて、強制的に人々の食べる量を決めれば、食品ロスはゼロにできるかもしれません。もちろん、好き嫌いや食べ残しは許されません。

ここまで極端でなくても、食品ロスをリサイクルするという選択肢もあります。ただ、食品ロスを減らすことを主な目的としたリサイクルだと、社会全体としては資源の無駄遣いになる可能性があります。

ここでポイントになるのが、リサイクル製品に対する需要です。食品ロスからリサイクル製品を作ったとしても、十分な需要がなければ、その製品は使われないまま結局ロスになるうえに、リサイクルのために使われた資源も無駄になってしまうからです。

このようなリスクを孕んでいる事例に、食品ロスを堆肥にするという取り組みがあります。家庭で出た生ごみを堆肥にして家庭菜園で使うくらいの話であればいいのですが、社会全体で大規模に食品ロスを堆肥にしようとすると話はまったく異なってきます。というのも、大量に堆肥を作れば作るほど、それに見合う大量の需要が必要になってくるからです。

しかしながら、プロの農家というのは、土壌の状態に合わせて、肥料の成分を細かくコントロールする施肥設計をしています。そのため、飲食店やスーパーなどから出る、内容がバラバラで、食品以外の不純物が混じっているかもしれない食品ロスを、そのまま堆肥にしても農家が使えるような品質にはなりません。食品ロスを分別するなどすれば、農家でも使えるような品質の堆肥を作ることは可能ですが、そのための社会的コストが食品ロスを単純に廃棄処分するよりも高くなる可能性は十分あります。

つまり、「食べる」側は、自分たちが残した食品が堆肥になれば、「無駄を減らした」という気になるかもしれませんが、必ずしもそうとは言えないということです。もし需要もないのに堆肥を作れば、「廃棄される食品」が「使われない堆肥」に形を変えるだけで、社会全体としてみると、リサイクルした分だけさらに資源を無駄遣いしているかもしれないのです。

このような状況を避けるためには、「食べる」側と「食料生産」側が、お互いのニーズをよく理解した上で、堆肥だけに限らず、他の様々な可能性も注意深く検討する必要があります。加えて、リサイクル自体にかかるコストを安くするような技術開発も重要になってきます。

また、自然の摂理の影響を抜きにして、食料市場の仕組みだけに目を向けても、食品ロスをゼロにするのはかなり難しいでしょう。

これは、2章で触れたように、現在の食料市場では、グローバル化と分業化が高度に進んでいるためです。それはつまり、食品の運搬距離や貯蔵時間が長くなり、食品加工の工程も増えているということを意味します。そして、なんといっても、食品の「傷みやすい」という特性がボトルネックになります。

どういうことかというと、運搬距離や貯蔵時間が長くなるほど、傷んで商品にならなくなる食品の割合が増え、食品ロスも増えるわけです。また、加工する工程が多くなると、工程ごとに加工ミスや規格外といった理由で廃棄される食品が出るため、トータルで廃棄する食品の量も多くなります。たとえば、パンの切れ端のように、本来は食べられるのに加工後には必要なくなる部分は廃棄されるからです。

また、食品は傷みやすく、傷んだ食品は健康被害を引き起こす可能性があります。そのため、現在のような食料市場では、消費者を守るためにも食品の賞味期限や消費期限は必要になります。

そして、食品を売る側としては、万が一にも商品による健康被害を出すわけにはいかないので、かなり余裕をもって賞味期限や消費期限を設定しています。そのため、1日でも消費期限を過ぎて売れ残った食品は、まだ食べられるにもかかわらず、廃棄されることになるのです。

6章

市場の失敗のせいで

6章では、「食料市場の限界に起因する問題」の中でも、「市場の失敗で起こってしまう問題」に注目します。具体的な事例として、「食の安全性と偽装」および「肉食と環境」の問題についてみていきましょう。

「食の安全性と偽装」という難題

安全でない食品や食品偽装が望ましくないということは、ほぼ社会全体で意見が一致しています。つまり、食の安全性や食品偽装に関わる事件がゼロになることが、食料市場が実現すべき、社会的に最も望ましい状況ということです。にもかかわらず、現実世界では、そのような事件が終わることなく繰り返されています。なぜでしょうか？

まずは、いくつか過去の事例をみてみましょう。そのうえで、理由について考えていきます。

①牛海綿状脳症（ＢＳＥ）問題

食の安全性の問題として、真っ先に思い出されるのが、２０００年代初頭に世間を騒がせた牛海綿状脳症（ＢＳＥ）問題です。ＢＳＥは牛の致命的な病気ですが、人への感染可能性が指摘されたため、牛肉を食べることの安全性が問題になりました。

１９８５年に英国で初めてＢＳＥの発生が確認され、当初は英国特有の牛の病気と思われていました。しかし、ＢＳＥの発生は、イタリア、オランダ、ドイツ、フランスなど、ほかのＥＵ諸国にも拡大していきます。そして、ＢＳＥが起こる原因は、反芻獣の死体から作られる肉骨粉を牛に与えるせいであることが判明します。そのため、１９８８年に英国内での肉骨粉の使用が禁止され、１９９０年にはＥＵ加盟国への肉骨粉の輸出が禁止されました。これによって、ＥＵ内で行き場を失った肉骨粉の多くが、スイス、東欧、中近東、アジアに輸出されることになり、日本も輸出先の一つでした。

本来なら、日本もＥＵのように肉骨粉の使用を中止するべきでした。しかし、当時の日本政府は、ＢＳＥは遠い国での問題としか考えておらず、そのリスクをかなり過小に見積もっていました。むしろ、飼料不足による国内の畜産業への影響を恐れて、肉骨粉を輸入し続けたのです。

そして、２００１年9月に、突然、日本の千葉県でＢＳＥと疑われる牛が発見されます。このことを農水省が発表すると、新聞やテレビで連日報道され、人々の間に牛肉を食べることによる健康リスクへの不安が高まり、牛肉の消費量が30％から50％減った地域もありました。そのため、日本政府は、10月に牛の全頭検査を開始するとともに、牛肉を扱う企業がＢＳＥ拡大によって受けた被害を救済するために「国産牛肉買い取り制度」を導入しました。全頭検査が実施される前に処理された国産牛肉を、国が買い取ってすべて焼却処分するという制度です。後ほど触れますが、この制度の悪用が、新たな食品偽装事件につながっていきます。

余談ですが、ＢＳＥは当初、狂牛病と呼ばれていました。しかし、名前のイメージが悪く、風評被害の原因になるということで、新聞やテレビでは、２００１年12月以降からＢＳＥという表現を使うようになりました。

また、ＢＳＥの国内発生が契機となり、日本での食品の品質に関する行政の重点が、食品衛生から食品安全へと転換され、２００３年に食品安全基本法が施行されることになります。その後も、世界中でＢＳＥの発生が確認され、国際獣疫事務局（ＯＩＥ）によると、２０１８年までにＢＳＥの発生が確認された国は26カ国に及んでいます。

なかでも、日本への影響が大きかったのが、２００３年の米国でのＢＳＥ発生の確認でした。このころには、日本政府もＢＳＥの脅威を十分に実感していたので、米国からの牛肉と牛肉製品の輸入を即座に停止しました。これにより、日本の牛丼業界などが大打撃を受けたのです。ただ、近年では、世界レベルでのＢＳＥ防疫対策が取られており、ＢＳＥの発生はほとんど確認されていません。

②雪印グループによる一連の事件

雪印グループによる食中毒と食品偽装の事件も、同じ企業グループが事件を繰り返したという意味で強く印象に残っています。

時代はさかのぼって1955年に、雪印乳業は大規模な食中毒事件を起こしています。北海道の八雲工場で、脱脂粉乳（牛乳から乳脂肪分を取り除き、粉末状に乾燥させたもの）の製造時に製造機の故障と停電が起こり、長時間放置された原料乳と半濃縮乳が、黄色ブドウ球菌に多量に汚染されたのです。その汚染された脱脂粉乳が東京都内の小学校9校で使用され、1579人もの被害者を出しました。

そして、2000年に再び、雪印乳業はほぼ同様の食中毒事件を起こします。

北海道の大樹工場で、脱脂粉乳の製造中に停電が起こり、原料が黄色ブドウ球菌に汚染されました。本来ならば、この時点で、汚染された原料を廃棄処分すべきでした。しかし、原料の汚染を予想しつつも、再溶解しただけで脱脂粉乳の製造を続け、大阪工場に出荷したのです。結果として、汚染された脱脂粉乳が低脂肪乳などの製品に使われ食中毒が発生しました。雪印乳業のその後の対応も誠意のあるものとはいえず、商品の回収や消費者への告知に時間を要したため、最終的な被害者は1万3420人にも及びました。1955年の食中毒事件からの教訓はまったく生かされず、2000年には10倍近くの被害を出すに至ったことは、あまりにお粗末と言わざるをえません。

さらに、2年後の2002年には、雪印食品株式会社が、前述したBSE被害の救済策である「国産牛肉買い取り制度」を悪用していることが、内部告発によって発覚するのです。30トン以上ものオーストラリア産牛肉を、国産牛肉と偽って国に買い取らせていました。信用を失った雪印食品の売り上げは7分の1にまで減り、結局、廃業・解散にまで追い込まれます。また、同様の偽装は、日本ハムグループなどの他社もおこなっており、食肉を扱う業界全体に対する社会の信用は大きく失墜しました。

偽装はまだまだ続く

その後も、食の安全性と偽装の問題は起こり続けています。

特に2007年は、食品偽装の年といっても過言ではないほど、多くの食品偽装が発覚した年でした。老舗洋菓子メーカーの不二家が消費期限切れの牛乳や卵を使ってケーキを製造していたことが発覚した事件を皮切りに、苫小牧市のミートホープによる牛肉偽装、「白い恋人」で有名な石屋製菓による賞味期限偽装、伊勢名物の赤福餅の消費期限偽装、老舗料亭の船場吉兆による産地偽装・賞味期限偽装・食べ残しの再提供、と日本中で次々に食品偽装の問題が発覚したのです。

なかでも、ミートホープによる牛肉偽装はまれにみる悪質さでした。牛肉に、豚肉や鶏肉、さらには羊や鴨やウサギの肉などを混ぜて、牛肉１００％のミンチとして販売していたのです。また、全国から売れ残った肉を安く買い集め、腐った部分を削って、においを消して殺菌した牛肉や、本来捨てるべき部位などを使って牛肉ミンチを製造・販売していました。

さらに驚くことは、２００７年に内部告発で発覚するまで、このような偽装が20年以上も発覚せずに続けられていたという点です。ここまでくると、ミートホープだけの問題ではなく、業界全体の闇を感じます。

続く２００８年にも、三笠フーズによる、事故米不正転売事件が発覚します。許容量以上の農薬が残留している米や、発がん性のあるカビに汚染された米など、いわゆる事故米を、工業用として安く仕入れ、食用として転売していたのです。このような不正転売は10年以上前からおこなわれていたらしく、２００８年の農政局の立ち入り調査によって初めて発覚しました。転売先は、当時判明しただけで、29都府県の食品加工会社、酒造会社、製菓会社など３７５社にも及びました。

なぜ繰り返されるのか？

このように、食の安全性と偽装に関わる事件は、枚挙にいとまがないほど繰り返し起こっています。みなさんがこの本を読んでいる年にも、大なり小なり、食の安全性や食品偽装に関する事件がニュースになっているかもしれません。

それでは、なぜ、いつまでたっても食の安全性と偽装の問題はなくならないのでしょうか？

理由は単純で、不正が発覚しにくく、発覚しないかぎり得をし続ける人がいるからです。事実、長い間続いていた不正が、内部告発でやっと発覚した事例は少なくありません。つまり、外部から気づくことはかなり難しいということです。そして、不正を発覚しにくくしている要因が、「食品の特性」と「市場の構造」にあるのです。

この点について、もう少し詳しく説明しましょう。

まず、食の安全性や偽装の問題は、外見からでは、ほぼ判別できないという特性があります。たとえば、スーパーに売っているソーセージを見て、その外見だけから、「何の肉がどれくらい含まれているか」や「どのような化学物質が含まれているか」を判別することはほぼ不可能でしょう。

そして、このような判別は、食品の加工度が高くなるほど、より難しくなります。たとえば、切り売り肉よりミンチ肉、ミンチ肉より味付きソーセージ、味付きソーセージよりカップヌードルのダイスミンチ（別名、謎肉）、のほうが原料の判別がより難しくなります。

余談になりますが、日清食品は、カップヌードルの謎肉は「豚肉や鶏肉をベースに大豆由来の原料や野菜を混ぜて味付けしたミンチ」であると、発売46周年の２０１７年に初めて公表しました。ただ、どの原料がどれくらいの割合で含まれているのかは、いまだに謎のままです。

このような特性に加えて事態をより難しくしているのは、市場では、食品に関する情報を握っているのは「売り手」で、買い手は売り手が提供する情報を信用するしかないという構造です。つまり、売り手と買い手の間には大きな情報の格差があり、市場の取引では売り手のほうが有利になるということです。このような状況を、経済学では「情報の非対称性」と呼んでいます。

一方で、買い手は、食品に関する情報が信用できないとなると、実際に不正しているかどうかにかかわらず、そのような食品は避けるようになります。結果として、関連する食品全体の価格が下がることになるのです。たとえば、イギリスで実施された消費者実験[*1]によって、食品偽装が疑われている状況では、「本物だと保証された魚の切り身」に比べて「保証されていない魚の切り身」のほうが、平均で7・1%から16・7%、値段が安くなることが示されました。

つまり、１度でも食品に関する不正が発覚すると、同様の食品を扱っている業界全体が信用を失い、不正とは直接的に関係のない売り手にまで被害が及ぶということです。また、商品を回収・廃棄することになれば、さらに損失が膨らむのです。前述した、雪印グループによる食中毒事件や牛肉偽装の事例は、まさにそのようなケースでした。

このような市場の状態は、経済学的には効率的とは言えません。なぜなら、食品の安全性や偽装の問題をなくすことで、生産者や消費者など市場に関わる人々の状況を改善することができるからです。

ただ、市場の仕組みだけでは、これらの問題をなくすことは構造的に難しいため、様々な法規制や検査体制などによって補完していく必要があるのです。

「肉食と環境」という悩みのタネ

さて、ここまで食肉について多く触れてきましたが、じつは、食肉市場自体は、消費者の満足度と生産者の利益という視点からみると、けっこううまく機能しています。実際、FAOのデータによると、牛肉、豚肉、鶏肉を合わせた世界全体の供給量は、2000年の約2・1億トンから2018年の約3・2億トンにまで増えており、2050年には約4・3億トンにまで達するという予測もあります。[*2]
ただ、環境への影響を考慮に入れた場合、社会的に望ましい状況とは決していえません。この問題について、「食料生産」と「食べる」の2つの視点から考えていきましょう。
まず、「食料生産」側の視点から、畜産による環境問題に注目します。その次に、「食べる」側の視点から、消費者の認識と実際の影響とが大きくずれている問題についてみていきます。

①畜産と温室効果ガス

まず、温室効果ガス（ＧＨＧ）についてみていきましょう。

１９９０年以降、農業生産によるＧＨＧ排出量は減少傾向にあり、全体に占める割合も１９９０年の29・８％から２０１７年の19・８％にまで減少しています。それでも、車・列車・飛行機・船などによる移動や運輸に由来するＧＨＧ排出量（全体の約17％）よりも多くなっています。[*3]

ここでは、農業生産の中でも、畜産に由来するＧＨＧ排出量に注目したいと思います。

ＧＨＧというと二酸化炭素がよく知られていますが、他にもメタン、亜酸化窒素、フロンなどが含まれます。そして、畜産の影響が大きいのは、メタンと亜酸化窒素の排出になります。なかでも、メタンは、二酸化炭素に比べて28倍の温室効果がある一方で、大気中に留まる寿命（大気寿命）が約10年と短いため（二酸化炭素は約１０００年）、比較的短期間（20年ほど）で削減の効果が期待できるＧＨＧとして注目されています。

農業生産の種類別に、ＧＨＧ排出量の内訳をみてみると、畜産に由来する排出量が最も多く、じつに約31％が畜産によるものです。特に、牛などがエサを消化・発酵する際に出るメタンや、飼料の生産で使う肥料に由来する亜酸化窒素が大きな割合を占めています。また、家畜の排せつ物からもメタンや亜酸化窒素が排出されます。

畜産の中でも、牛肉の生産に由来する割合が15％、牛乳の生産に由来する割合が5％で、牛を飼育することに由来する排出量が、畜産による排出量の約3分の2を占めています。

ちなみに、牛に比べて、豚肉の生産に由来する割合は2％、鶏肉の生産に由来する割合は1％、とかなり小さくなります。

これは、牛が反芻動物であるため、消化するときに多くのメタンを排出し、排せつ物の量も多いためです。反芻動物という意味では、バッファロー、山羊、羊も同様です。これら3種類の食肉の生産量は3つ合わせても豚肉の生産量の6分の1以下ですが、3つ合わせたGHG排出量は、豚肉生産による排出量の約3倍（6％）にもなります。

②畜産は大量の水を消費する[*4]

次に、畜産と水の問題についてみていきます。

まず強調しておきたいのは、地球全体の水資源は増えることはなく、一方で人口が増え続けていく中、水不足がますます深刻になっているという点です。FAOによると、現在でも約12億人が深刻な水不足に直面している地域に住んでおり、さらに2100年ころまでに、1人当たりの利用できる水の量が現在よりも約17％減る可能性があります。

そのようななか、特に心配されているのが、食料生産のための水です。まず、世界の降水量（淡水の源）は約11万1000㎦あり、約65％のグリーンウォーター（土壌に蓄えられる水）と約35％のブルーウォーター（川、湖、地下水など）に分けられ、ブルーウォーターの約10％が人間の活動のために取水されています。そして、世界の総取水量の70％以上が食料や飼料などの農業生産に使われているのです。さらに、2050年までには、増え続ける世界人口を養うために、農業生産量を約70％増やす必要があり、そのためには農業生産で使う取水量の割合を約90％にまで増やす必要があるといわれています。

そして、農業生産の中でも特に大量の水を使用しているのが畜産です。

この点についてより詳しくみていくために、ウォーターフットプリントという指標を使って、生産に必要な水の総量を食品の種類別に比べてみましょう。ウォーターフットプリントは、特定の財やサービスを生産するために、直接的および間接的に使われるグリーンウォーター（天水など）、ブルーウォーター（灌漑用水など）、そしてグレーウォーター（汚染物質の希釈などに使われる水など）の総量を測る指標です。たとえば、牛肉の場合だと、牛の飲み水や施設の掃除など直接的に使う水の量に加えて、飼料を生産するための水など間接的に使う水の量も含まれています。

国際的に参照されている推計値[*5]によると、ウォーターフットプリントが最も大きい食品は牛肉になります。牛肉1kgを生産するのに必要な淡水の総量は1万5415Lにもなり、他の畜産食品である豚肉1kgの5988L、鶏肉1kgの4325L、卵1kgの3265L、牛乳1kgの10

20Lよりもかなり多くの水を必要とします。ちなみに、穀物1kgと野菜1kgの生産に必要な淡水の総量は、それぞれ1644Lと322Lです。

また、食品によって1kgに含まれるエネルギー量（kcal）が異なるため、1kcalあたりのウォーターフットプリントもみてみましょう。

この場合も、牛肉のウォーターフットプリントが圧倒的に大きくなります。牛肉1kcalを生産するのに必要な淡水の総量が10・19Lなのに対し、豚肉1kcalは2・15L、鶏肉1kcalは3・00L、卵1kcalは2・29L、牛乳1kcalは1・82Lの水しか必要としません。

ただ、牛肉以外の畜産食品の生産も、穀物や野菜と比べるとかなり多くの水を使っています。たとえば、穀物1kcalと野菜1kcalの生産に必要な淡水の総量は、それぞれ0・51Lと1・34Lです。そのため、穀物1kcalの生産と比べると、牛肉は約20倍、牛乳でも約3・5倍の水が必要になるのです。

③家畜は人間の何倍もの排せつ物を出す[*6]

さらに、畜産食品の生産は、水質汚染の原因にもなっています。畜産による直接的な汚染源は、家畜の排せつ物の不適切な処理や保管によるものです。このような話を聞いて、「途上国の話だろう」と思う人もいるかもしれませんが、日本を含めた先進国でも起こっている問題です。

たとえば、日本における畜産経営に関する苦情は、２０１９年に合計１３８６件あり、そのうちの約24%にあたる３３５件が水質汚濁に関する苦情でした。これは、悪臭に関する苦情（52・2%）に続く、2番目に多い苦情内容になります。また、水質汚濁に関する苦情の86%が、牛や豚を飼育している畜産農家に対するものでした。

これは、牛や豚は排せつ物の量が多いためです。たとえば、日本における1頭当たり1日に出る排せつ物の平均的量をみると、乳用牛が糞45・5kgと尿13・4kg、肉用牛が糞20・0kgと尿6・7kg、豚が糞2・1kgと尿3・8kg、肉用鶏（ブロイラー）は糞0・13kgのみ、といわれています。ちなみに、人間の大人1人が1日に出す排せつ物の平均的量は、糞便0・1〜0・25kgと尿1・0〜1・5kgといわれています。

たとえば、２０２０年に日本で発生した家畜排せつ物の総量は、約８０１３万トンになります。内訳は、乳用牛が２１８６万トン、肉用牛が２３５８万トン、豚が２１１５万トン、採卵鶏が７９１万トン、肉用鶏（ブロイラー）が５６３万トンです。一方、日本の全人口を大人として単純計算すると、人間による排せつ物の総量は約５７６２万トンになります。つまり、畜産がそれほど盛んではない日本ですら、人間が出す排せつ物よりも、家畜が出す排せつ物のほうが、総量で約40%も多いということです。

比較として、畜産大国である米国の場合もみてみましょう。米国では、年間に家畜の糞だけで約３億３５００万トン（尿は含まない）も発生しています。米国の全人口を大人として単純計算すると、人間が出す糞便の総量は約3000万トンなので、その10倍以上も家畜の糞が発生していることになります。[*7]

これほど大量の家畜の排せつ物を、すべて適切に処理することは、先進国においてすら容易ではありません。そして、排せつ物の処理や保管が不適切だと、硝酸性窒素による地下水汚染の原因になります。さらに、家畜の糞尿が河川などに流出し、それに含まれるクリプトスポリジウムによって水道水源が汚染され、人に集団感染して腹痛や下痢などを引き起こす危険性も懸念されています。

また間接的には、家畜の飼料を育てるために使われる窒素肥料も、硝酸性窒素による地下水汚染の原因になります。

2019年の世界の飼料生産量は約11億2600万トンと推計されています。同年の世界の小麦の生産量が7億6580万トンというと、飼料の生産量がどれほど大きいかわかってもらえるでしょうか。これだけの飼料を生産するためには膨大な量の窒素肥料が使われており、それに起因する地下水汚染への影響も、正確な推計値はありませんが、かなり大きいと予想されます。

空気や水がほぼ無料という難しさ

畜産による自然環境への負荷は、食料生産の中でも特に大きいことをわかっていただけたと思います。しかし、いざ畜産による環境汚染を削減しようとしても、これがなかなか難しい問題なのです。

なぜなら、空気や水といった自然資源は公共性が高く、自分も利用できる一方で、他人が無断で利用することも止められないからです。たとえば、誰かが空気や水を汚したからといって、その人が空気や水を利用することを完全に阻止することはほぼ不可能です。その人の周りだけ、空気をなくしたり雨が降らないようにしたりはできないでしょう。

つまり、お金を払わなくても利用できたり、お金を払っても1人占めできなかったりするので、取引そのものが成立せず、市場も発生しません。そして、市場での取引きがないため、空気や水の金銭的な価値もはっきりしないのです。結果として、空気や水が汚されても、それに対する金銭的な対価がはっきりせず、その対価を支払う市場すら存在しないというわけです。

たとえば、私たちは普段から呼吸をしています。これは、空気を消費していると言うこともできます。しかし、私たちは空気を消費することに対して、直接的にはまったくお金を払っていません。お金を払っていないということは、逆説的に、空気には価値がないということになるのでしょうか？

もちろん、そんなわけありません。私たちは空気がないと生きていけず、作物も育てられません。むしろ、本質的には、食料よりも絶対的な価値があるといえます。それにもかかわらず、食料にはお金を払っているのに、空気に対してはいっさいお金を払っていません。つまり、空気には市場で取引できるような金銭的な価値が付いていないのです。

「呼吸するのにお金なんて払っていられないから、良いことじゃないか」と考える人もいるでしょう。呼吸に関してだけなら、それでもいいかもしれません。しかし、このような状況は、誰でも無料で空気を汚せるということにもなりえるのです。つまり、無料で手に入るものは、それを汚されたり傷つけられたりしても、それに対する代償もまた無料ということです。

水に関しては、一部の国や地域では上水道や下水道の料金を払っているので、空気よりはましかもしれません。ただ、このような水は、地球全体の水資源の量からみると、ほんのごく一部（0・01％未満）でしかありません。地球上の淡水の大部分は、水道システムを介さずに消費されています。

たとえば、屋外で作物を育てる時に使われる雨水や土壌に含まれる水に対する料金は支払っておらず、下水施設を通ることもないので、下水道料金も発生しません。つまり、無料で手に入る水で、汚しても無料というわけです。

それでは、畜産が与える影響の例として、牛の飼育について考えてみましょう。畜産農家は、できるだけ多くの利益を出すために、「牛1頭が生み出す売り上げ」と「牛1頭の飼育にかかるコスト」のバランスがちょうどよくなるように飼育する頭数を決めています。そして、このときのコストの中に、牛が出す温室効果ガス（GHG）や排せつ物が社会に与える損失は含まれていません。しかし実際には、GHG排出や、排せつ物による水質汚染によって、社会的な損失が発生しているわけです。

もし、このような社会的損失に値段をつけることができ、その値段分の費用を畜産農家に支払うように求めたらどうなるでしょうか？　つまり、これまでのコストに加えて、牛が出すＧＨＧや排せつ物に起因するコストが上乗せされるため、「牛1頭の飼育にかかるコスト」が増えることになります。もしそうなったら、できるだけ多くの利益を出すために、畜産農家は飼育する牛の頭数を減らすことになるのです（なぜそうなるのかという説明はここでは省きます）。

この例では、畜産農家による経済活動が、気候変動や水質汚染などを通してまったく関係ない人たちに影響を与えています。こうした影響のことを、経済学では「外部性」と呼びます。この例では、外部性によって社会的な損失が発生しているので、「負の外部性」となります。そして、「負の外部性」を無視した生産活動は、社会的に最も望ましい量よりも、多く生産し過ぎてしまうことがわかっています。

肉の食べ過ぎは安すぎるから？

誤解しないでほしいのは、食肉生産による環境への負荷が大きいからといって、「肉の生産量をゼロにしろ」や「肉を食べるな」と言っているわけではありません。

問題は、前述したような「負の外部性」による社会的な損失が、現在の食肉の生産コストや価格にほとんど反映されていないということです。その結果、社会への負の影響が大きいわりには、肉の価格は安く抑えられ、人々は肉を食べ過ぎている可能性が高いのです。

仮に、食肉生産による社会的な損失を生産コストや価格に反映することができたら、生産コストはもっと高くなり、価格も高くなって、それに伴い消費量と供給量が減っていきます。そうなることで、より社会的に望ましい状況に近づけるかもしれません。ただ、それがなかなか難しいというのが現状です。

それでは、より具体的に、地域ごとの食肉供給量をみてみましょう。

表４は、２０１８年の牛肉、豚肉、鶏肉の１週１人当たりの供給量（食用のみ）とそれらの合計を、世界と５つの地域についてまとめています。世界平均は７７１ｇですが、オセアニア、アメリカ、欧州の３地域は平均の１・８倍から２・３倍もあります。一方、アジアとアフリカの２地域は比較的低く、オセアニアと比べて約３分の１と約７分の１しかありません。

また、１人当たり食肉供給量は、同じ地域内でも国ごとでかなり差があり、所得の高い国のほうが多くなる傾向があります。たとえば、２０

表4：2018年の世界と5地域における食肉の1週1人当たり供給量

	世界	オセアニア	アメリカ	欧州	アジア	アフリカ
牛肉	175 g	490 g	548 g	261 g	91 g	114 g
豚肉	298 g	473 g	350 g	666 g	294 g	26 g
鶏肉	298 g	829 g	819 g	469 g	193 g	130 g
合計	771 g	1792 g	1717 g	1396 g	578 g	270 g

出所：FAOSTATのデータより著者が作成。

18年の牛肉、豚肉、鶏肉を合わせた1週1人当たり供給量をみてみると、米国が2336g、オーストラリアが1970g、スペインが1824g、南アフリカが1153g、中国が1112g、日本が955gとなっています。

それでは、食肉生産によるGHG排出量の影響を考慮に入れた場合、どのくらいの供給量が社会的に望ましいのでしょうか？

2019年に、EATランセット委員会（EAT-Lancet Commission）という、世界トップクラスの専門家によって構成される委員会が、持続可能なフードシステムを実現するための食生活に関する報告書を発表しました。

その報告書によると、持続可能な食生活における食肉の消費量は、全種類の肉を合わせて1週1人当たり301g（卵や魚は含まない）です。つまり、2018年の世界平均から約60％減らす必要があるということです。地域別にみると、アメリカやオセアニアや欧州では80％以上の削減、アジアでも約50％の削減が必要になります。逆に、アフリカでは約10％増やすほうが望ましいということになるのです。

この報告書の内容は、一部の専門家による極論というわけではありません。実際、FAOや複数のEU諸国が、正式な見解として、現在の食肉の消費量では環境への負荷が高すぎて持続可能ではないと警鐘を鳴らしています。たとえば、スウェーデン政府は、国民向けの食生活ガイドラインで、1週1人当たりの食肉消費量を500g以下にすることを推奨しています。

また、「現在の肉の価格は安すぎるので、もっと高くすべきだ」という動きもあります。たとえば、２０２０年に、ＴＡＰＰＣ（True Animal Protein Price Coalition）という動物性タンパク質の適正価格を研究しているオランダの非営利団体が、「欧州グリーンディールと協調する形で、ＥＵ全体に肉税を導入するべきだ」という提案書を欧州議会に提出しました。ちなみに、「欧州グリーンディール」とは、ＥＵが２０１９年に掲げた、「２０５０年までにＧＨＧ排出量を実質ゼロにする」というＥＵ環境政策の全体的な戦略のことです。

ＴＡＰＰＣは、環境や健康への負の影響を考慮に入れると、牛肉は１kg当たり４・77ユーロ（約５７７円）、豚肉は１kg当たり３・61ユーロ（約４３７円）、鶏肉は１kg当たり１・73ユーロ（約２０９円）の税金をかけて、値上げすべきだと主張しています。つまり、肉の種類ごとに、生産と消費による「負の外部性」の値段をつけるとしたら、これくらいの金額になるというわけです。

このような肉税を導入することで、２０３０年までに、ＥＵ全体での牛肉、豚肉、鶏肉の消費量を、それぞれ67％、57％、30％削減できると推計しています。実際、複数の欧州議会議員が提案に理解を示しています。しかし、ＥＵ全体で採用されるためには全会一致が条件となるため、導入される可能性はほぼゼロです。一方、ドイツなど一部の国では、国レベルでの肉税の導入を真剣に検討しているようです。

日本の肉食事情

肉食と環境問題のつながりに関する認識は、地域や国によって大きく異なります。

そもそも食肉の消費量や、他に抱えている食の問題も地域や国によって大きく異なるため、違って当然ともいえます。ただ、肉を多く食べている国が、必ずしも「肉食と環境問題のつながり」に関心を持っているわけでもありません。世界的にみて、この問題に率先して取り組んでいる地域はＥＵになります。

一方、日本はどうでしょうか。おそらく、このような肉食と環境問題のつながりについて意識している人は、かなり少数派でしょう。

日本での食肉供給量は、ＥＵ諸国と比べると7割弱ですが、世界平均よりは多くなります。また、ＥＡＴランセット委員会の基準値（1週当たり消費量３０１ｇ）と比べると、現在の９５５ｇから約70％の削減が必要ということになります。つまり、日本の食肉消費量は、ＥＵなどの欧米諸国に比べてかなり少ないとはいえ、減らす必要がないほど少ないわけではありません。

それにもかかわらず、日本では、肉食と環境問題に注目した政策的な議論はほとんどされていません。過去10年間の、内閣府による食や環境に関連する世論調査と、厚生労働省による国民健康・栄養調査（全18調査）を調べてみましたが、肉食どころか「食べる」と自然環境をつなげるような設問すら見当たりませんでした。多くの場合、「食料生産」と環境問題の関係にとどまり、なかなか「食べる」側まで話が及ばないのです。

日本で、肉食と環境問題のつながりに関して、あまり問題視されていない理由の1つに、自分たちは肉を食べ過ぎていないと思っている人が多い可能性があります。というのも、伝統的な日本食には肉を多く食べるイメージがなく、そのイメージの延長線上で、現在の日本の食生活を認識している人が多いと思われるからです。しかし実際には、日本の食生活はかなり西洋化しており、欧米ほどではないにしろ、肉を食べ過ぎているのが現実なのです。

もう1つの理由として、日本は食肉の多くを輸入に頼っているため、肉食による環境への負荷を過小に認識している可能性があります。たとえば、週に1000gの肉を食べるうち、500gが輸入されたものだとすると、国内での食肉生産による環境への負荷は、残りの500g分のみになります。国外での食肉生産による環境への負荷はどうしてもみえにくくなるため、1000gの肉を食べることによる環境への負荷を、国内の500g分だけだと誤認するのです。

2020年における日本の肉類の自給率は、数量ベースで53%でした。畜種別にみてみると、牛肉が36%、豚肉が50%、鶏肉が66%です。つまり、環境負荷が大きい畜種ほど自給率が低く、輸入されたものが多くなっており、実際の環境への負荷を過小に誤認しやすい状況になっているのです。

たしかに、国外で家畜を育てれば、日本の水や土壌は汚染されません。しかし、地球上で家畜を育てる以上、どこで育ててもＧＨＧ排出により地球温暖化を加速しているため、日本のことだけを考えたとしても、まったくの無関係というわけにはいかないのです。

いずれにせよ、このような「食べる」側の認識のズレが、肉の食べ過ぎにつながります。そして、「食料生産」側は利益が上がる以上、「食べる」側の求めに応じて、食肉の生産を続け、食肉生産による環境問題は二の次になっているのです。

＊１　McCallum et al.（2021）を参照。

＊２　Alexandratos（2012）を参照。

＊３　ここでの議論は、FAOSTAT からのデータに基づく。

＊４　この節の議論は、FAO（2020）, FAO（2019）に基づく。

＊５　Mekonnen and Hoekstra（2010）を参照。

＊６　この節での日本に関する議論は、築城・原田（1997）と「令和２年畜産統計」からのデータに基づく。

＊７　Main（2015）を参照。

7章

つきまとう政治的な思惑

この章では、「食料市場の限界に起因する問題」の中でも、「政治的な思惑が引き起こす問題」に注目します。

政治的な思惑によって、食料市場の仕組みやバランスが歪められることは、珍しい話ではありません。よく聞く政治的な思惑として、「食料安全保障」や「自国の農業の保護」があります。実際、食料安全保障のために政府が市場に介入することは、正当な介入として国際的に広く認められています。ただ、どこまでが食料安全保障のための介入なのかわかりにくく、やり過ぎと思われる事例が散見されることも事実です。また、先進国のほとんどは、食料安全保障とは関係なしに、自国の農業を守るために様々な優遇政策を実施しています。この章では、そのような介入や優遇政策が引き起こす社会問題に注目します。

途上国ほど農業を冷遇する不思議

世界的にみて、途上国ほど農業を冷遇して、先進国ほど農業を優遇する傾向があります。こう聞いて、「あれ?」と思いませんか? 食料が足りない途上国で農業が冷遇されて、食料が余っている先進国で農業が優遇されているというのは、どうも理不尽な気がします。もちろん、国や作物によって細かい対応は異なるのですが、細かい部分はさておき、大きな傾向についてみていきましょう。

まず、なぜ途上国では農業が冷遇されるのでしょうか?

この傾向は、特に1960年代から80年代にかけて多くみられました。その最大の理由は、農業よりも工業を優先することで、急速な経済発展を実現しようとしたからです。そして、工業への投資を増やすには、国の歳入を増やす必要があるため、途上国の主な産業である農業への税を重くしたのです。このような税には、大きく分けて、農業所得や農地などに対する直接税と、農産物の国内取引や輸出などに対する間接税があります。

途上国では、所得などを把握して直接税を取り立てることが難しいため、農業税による税収の8割近くは間接税によるものだといわれています。

間接税の例として、たとえば、コーヒーやカカオなど、お金になる作物の輸出を政府が独占的に管理し、農家から安く買い取って、国際市場で高く売ることがあります。1980年前後のトーゴというアフリカの国では、政府がコーヒーを安く買い取り、その3倍の価格で輸出していました。そして、輸出価格と買い取り価格との差額が、トーゴ政府の収入になったのです。国内でも、農家が都市部や市場に農産物を持ち込んで売るためには、地方政府に入境税などを支払う必要がありました。このような仕組みは、アフリカだけでなく、南アジアや中南米の国々でも多くみられました。

また、都市部の工場で働く安い労働力を確保するためには、都市部の労働者に安い食料を安定的に供給する必要があります。そのため、いくつかの途上国では、農家から強制的に安く食料を買い取ることで、都市部での安い食料の供給を可能にしました。つまり、農村部の食料安全保障よりも、都市部の食料安全保障が優先されたということです。

しかし、食料価格を不当に安くすると、農家がやる気をなくし、予想以上に食料生産量が減ることがわかりました。土地面積当たりの収量は大幅に減り、農業生産技術の進歩も停滞したのです。つまり、政府といえども、農家のやる気までは強制できなかったということです。このような事例で特に有名なのが、中国で1959年から1961年に発生した大飢饉です。この大飢饉では、少なくとも1500万人以上の餓死者を出し、近年まれにみる大惨事でした。

結果として、このような市場の原理を無視したやり方は、あまり効果的ではないということがわかり、1990年代以降、ほとんどの国で、農業税は軽減もしくは撤廃されたのです。

それでは逆に、なぜ先進国は農業を優遇するのでしょうか？最も重要な理由は、自国の農業の維持にあります。先進国の多くは、「いかなる時も、すべての国民が十分な食料を入手できるようにする」という食料安全保障の面から、国内で消費している食料のうち、できるだけ多くを国内生産でまかないたいと考えています。そのため、ある程度の食料自給率を維持できるだけの国内農業が必要になるのです。

実際、先進国の中で、日本ほど食料自給率が低い国は少数派です。たとえば、農水省の2018年の推計によると、日本の穀物自給率は28％しかなく、OECD加盟38カ国中32番目になります。一方、穀物自給率が50％を超えるOECD加盟国は26カ国あり、その内の13カ国では100％を超えているのです。

ただ、先進国が自国の農業を維持するためには、国内で農業の担い手を確保する必要があるのですが、これがなかなか難しいのです。特に問題になるのが、農業生産から得られる収入の低さとその不安定さです。

農業収入の不安定さについては4章で話したので、ここでは収入が低くなる要因についてみていきましょう。

1章でみたように、経済成長で人々の所得が上がっても、1人当たりの食品への支出はそれほど増えません。一方で、車や電化製品や服などへの支出は何倍にも増えます。そのため、経済成長に伴って、農業の売り上げはあまり増えないのに、他の産業の売り上げは急激に増えるのです。そして、売り上げが増えた産業では、人々の賃金、いわゆる人件費も上昇します。そのような産業と競争して人材を確保するためには、農業でも同等の賃金を支払う必要があるのですが、農業の売り上げは賃金の上昇ほど増えていないため、農業生産による利益（売り上げから賃金を差し引いた額）は下がることになるのです。

このように、経済成長とともに農業の経済的な貢献度が小さくなっていくことは、自然の摂理に起因する現象なので、避けようがありません。

そのため、先進国の多くでは、農業生産による利益を少しでも増やすために、農業に対する様々な税制優遇措置をおこなっています。つまり、政府は、農家の売り上げや賃金を変えることは難しいのですが、税金を減らすことで、農家の手取りを増やすことはできるのです。

たとえば、小規模農家に対する税金の免除、会計処理の簡略化、固定資産税などの削減、譲渡や買収や相続に関連する税金の削減、食品に対する付加価値税や消費税などの免除、農業生産に使用される燃料の税制優遇措置、などがおこなわれています。[*1]

また、食料自給率が高いからといって、農業に対する税制優遇措置が少なくなるというわけでもありません。食料自給率が１００％を超えている米国、カナダ、フランスといった国でも、食料自給率が40％を切っている日本と同じくらい多くの農業に対する税制優遇措置をおこなっているのです。一方、例外的に、オーストラリアやニュージーランドは、農業への優遇措置が少ないことで有名です。

農業優遇政策のパラドックス

将来の食料不足の可能性を考えると、先進国で農業を優遇することで世界全体の食料生産量を増やせるのなら、それほど悪くない選択肢にも思えます。また、世界の食料生産量が増えることで、国際食料価格の上昇が抑えられたり、ともすれば価格が下がったりすることは、食料が不足して輸入している途上国にとってもメリットがありそうです。

しかし、途上国はというと、これまで一貫して、先進国における農業への援助や保護をもっと削減するように要求し続けています。なぜなら、食料輸入が増えるということは、その国の農業の発展を阻害するという側面があるからです。さらに、国際食料価格が下がることで、途上国内の競合する食料の価格も下がり、途上国内の農家の農業収入が下がる可能性もあります。つまり、4章で紹介した「豊作貧乏」の国際貿易版です。また、主食である穀物の供給が輸入に大きく依存することは、その国の食料安全保障にとって望ましいとはいえません。

もし先進国が農業を優遇しなければ、先進国の農家数や農業生産量は減少するはずです。そのため、先進国による農産物の輸出量も減り、途上国が輸出できる余地が増えるのです。たとえば、これまで米国から小麦を輸入していた国は、米国の小麦輸出量が減ったら、代わりに途上国から小麦を輸入するようになるかもしれません。つまり、先進国の農業優遇措置は、途上国が農業で利益を上げる機会を奪っているとも考えられるのです。

だからといって、途上国における食料生産量が短期間で急増する可能性は低く、現在すでに食料不足の途上国は、先進国からの食料輸入に頼らざるをえないのが現状です。そのため、先進国が食料生産を減らし、途上国への食料輸出を減らされても困るというパラドックスに陥っているのです。

自国農業の過保護による混乱

途上国が、先進国の農業政策を問題視するのは、これまでの歴史的な背景も関係しています。少し時間は遡りますが、ＥＵがまだＥＣ（欧州共同体）と呼ばれていた１９８０年代、先進国はもっと手厚く自国農業を保護していました。そこで特に問題になったのが、ＥＣと米国による過剰な農業保護政策と、その結果として発生した農産物の輸出ダンピングです。

どういうことかというと、ＥＣや米国は、自国の農家が確実に利益を出せるように、農産物価格の最低ラインを農家に保証していた時期があります。つまり、農家にしてみれば、生産量を増やすほど、利益が増えることが保証されていたわけです。そのため、当然のことながら、農家は市場が必要とする量よりもはるかに多くの農産物を生産するようになりました。さらに、生産コストが高い先進国で利益が保証されるような価格となると、国際市場価格よりも高い価格となり、そのままでは輸出することもできませんでした。

結果として、国内で大量の農産物が余るようになります。それらが累積されて、ＥＣでは「バターの山にワインの海」と揶揄されるほど膨大な過剰在庫が生じました。そして、過剰在庫の管理や処分のためのコストは、政府の財政を圧迫するほど大きくなっていったのです。

このような政策に起因する財政負担は、ＥＣでは全予算の80％を占めるほどまでに膨れ上がりました。米国でも、過剰在庫の維持だけで1日数百万ドル（当時の日本円で4億円以上）かかるようになり、すでに財政赤字だった米国にとっては、ＥＣほどではなくとも、かなりの重荷でした。

そこで、少しでも国内の過剰在庫を減らすために、ＥＣや米国は、輸出する農作物の価格を下げるための補助金を追加で導入し、不当に安い価格で過剰在庫を海外に輸出し始めたのです。いわゆる、農産物の輸出ダンピングです。過剰在庫にかかるコストに比べたら、農家に追加の補助金を出して輸出させたほうが安上がりだったのです。また、食料援助として、過剰在庫の食料を途上国に無料で提供したりもしました。

しかし、これらの取り組みは、国際農産物市場に大きな混乱を生み出しただけで、過剰在庫を減らすという意味では焼け石に水でした。

このような国際農産物市場の状況を改善するために、世界中の国が集まり、農産物貿易の新たなルール作りについて話し合ったのが、1986年から1993年まで続いたガット（GATT）のウルグアイ・ラウンド農業交渉です。この交渉で合意した内容のポイントは3つあります。

①様々な形態の「輸入を邪魔する政策」を関税に置き換え、段階的に関税を削減する

②輸出補助金を段階的に削減する

③国内の農家への支援は、生産を刺激しないものにする

ちなみに、①に出てくる「関税」とは、海外からの輸入品にかける税のことです。③は、欧米を悩ませていた過剰在庫が生じないようにするためです。農家への支援額と生産量を切り離すという意味で、「デカップリング」と呼ばれています。

その後、ウルグアイ・ラウンド交渉での合意内容は、世界貿易機関（WTO）に引き継がれました。ただ、WTOになってからの貿易交渉はあまりうまくいっていません。その要因の1つは、途上国の発言権が強まっており、欧米諸国を中心とした先進国との溝が深まっているからです。

そのため、近年では、遅々として進まないWTO交渉を見限って、まずは特定の国同士で合意する自由貿易協定（FTA）や地域経済統合が活発に進められています。地域経済統合で代表的なのが、以前の北米自由貿易協定（NAFTA）や、最近話題になった環太平洋パートナーシップ（TPP）です。ただ、NAFTAは、2020年に、米国の保護主義的意向をより強く反映した「米国・メキシコ・カナダ協定（ＵＳＭＣＡ）」に取って代わられました。

正当化される非常時の輸出規制

自由貿易を重んじる現在のＷＴＯ体制下であっても、食料安全保障のために自国優先的な政策をとることは、国際的にも広く正当化されています。

その最たるものが、非常時における穀物輸出規制になります。ただ、食料安全保障ということなので、主に食料不足に苦しむ途上国を念頭に置いた話になります。

２０００年以降、穀物輸出規制や禁止が、世界的に広がった時期が３つあります。そのうちの２つは、穀物の国際価格が急騰した２００７〜２００８年と２０１０〜２０１１年です。もう１つは、新型コロナウイルスの感染が拡大した２０２０年です。

２００７〜２００８年と２０１０〜２０１１年は、それぞれ影響を受けた作物や地域などに違いはありますが、どちらの時期にも、世界中で干ばつ、冷害、豪雨、洪水、山火事などが相次ぎ、世界中で穀物の生産量が大きく減りました。主だった穀物輸出国では、米国、カナダ、ＥＵ、ロシア、オーストラリア、ウクライナ、アルゼンチン、トルコと、軒並みダメージを受け、輸出量が大きく減りました。また、アフリカ東部、中国、インド、インドネシア、メキシコといった、穀物輸入国やほぼ自給していた国でも、異常気象による不作が広がり、穀物輸入への需要が高まったのです。

このような世界的な不作に加えて、燃料であるバイオエタノールを作るためのトウモロコシの需要増や原油高なども重なり、主要な穀物の国際価格は4倍以上にも急騰しました。

この穀物の国際価格の急騰を受けて、多くの途上国が穀物の輸出規制や禁止をおこないました。たとえば、インド、ウクライナ、セルビアなどは小麦の輸出を禁止し、インド、エジプト、カンボジア、ベトナム、インドネシアなどは米の輸出を禁止しました。中国も主要穀物の輸出に規制をかけました。例外的に、途上国ではないロシアやアルゼンチンも、穀物輸出規制を実施したのですが、こちらは国際的に批判されました。

輸出規制や禁止を実施した最大の理由は、国外に穀物が流出することを防ぎ、国内の穀物価格の上昇を抑えるためです。

もう少し順を追って説明します。

国際価格が急騰するということは、国際価格のほうが国内価格よりもかなり高くなるということです。そのような状況で自由に貿易させると、国内で安く仕入れた穀物を、国際市場で高く売って儲けようとする行為が横行し、通常は国内で売られるべき穀物までもが輸出されてしまいます。このような行為は国際価格と国内価格が同程度になるまで続くため、国内で手に入る穀物の量は減り、結果的に穀物の国内価格は急騰することになります。このような状況を避けるために、国内の穀物が国外に流出しないようにする必要があったのです。

途上国では、食費が家計の半分以上を占める世帯も多く、穀物の急な値上がりは日常生活に深刻な影響を与え、社会情勢が不安定になる要因になりえます。そのため、途上国政府にとって食料価格というのは、政治的にとても重要になってくるのです。

たとえば、カンボジアでは、2009年の社会経済調査から、全国平均で家計の約70％が食費であることがわかっています。この割合は都市部でも農村部でも同様です。都市部のほうが所得は高いのですが、食品を市場から購入する割合が、都市部（70％以上）のほうが農村部（50％以上）よりも高いため、食費も高くなるのです。ただ、ここで注目しておきたいのは、農村部でも食品の50％以上は市場を通して買っているということです。このことは、たとえ農村部であっても、食料の市場価格から大きく影響を受けることを意味しています。

実際、2008年と2011年には、アフリカ、中東、アジアの20を超える途上国で、食料の急激な値上がりをきっかけとした大規模な暴動、いわゆる食料暴動が発生しています。これら暴動のほとんどは、それまで溜まっていた不満が爆発したもので、食料の値上がりはきっかけに過ぎません。ただ、逆にいうと、食料価格は暴動のきっかけになりうるほど、人々にとって最低限の条件だったということです。

新型コロナウイルスの感染が拡大した2020年にも、世界中で22カ国が、なにかしらの食料の輸出規制を実施しました。たとえば、ロシアやウクライナは小麦の輸出を制限し、ベトナムやインドは米の輸出を制限し、タイは米の輸出を禁止しました。しかし、世界的に食料が不作だったわけではなく、穀物の国際価格が急騰したわけでもありません。つまり、国際食料市場がひっ迫した２００８年や２０１１年の場合とは、状況が異なるということです。

２０２０年に食料の輸出規制が実施された最大の理由は、各国の政府が、感染拡大によって食料のサプライチェーンが機能しなくなることを恐れたためだと思われます。つまり、予防措置として輸出を規制したということです。たしかに、ロックダウンや移動制限などの影響で、食料生産や流通が一時的に停滞しましたが、未知の病気に対する恐怖によって誘発された過剰反応だった部分も否めません。根拠はないがとりあえず自国を守ったという意味では、２００８年と２０１１年の輸出規制や禁止よりも、より自国優先的な政策だったといえます。

ただ、２０２０年の輸出規制や禁止による食料供給への影響は、２００８年や２０１１年の場合と比べて、かなり小規模でした。たとえば、国際持続的発展研究所（ＩＩＳＤ）の研究[*2]によると、輸出規制や禁止が穀物貿易に与えた影響の総カロリー量は、２００８年は49兆3千億kcalでしたが、２０２０年は22兆7千億kcalと、２００８年の2分の1の規模だったと推計しています。また、輸出規制や禁止が穀物貿易に与えた影響を金額ベースでみても、２００８年の43億ドルに比べて、２０２０年は約半分の21億ドルだったと推計されています。

輸出規制の日本への影響は？

一方で、日本にとっての穀物の輸入先国である、米国やオーストラリアといった、世界の主要な穀物輸出国が輸出規制をする可能性はかなり低いと思われます。なぜなら、これらの国の生産量に占める輸出量の割合はかなり高いからです。

たとえば、米国とオーストラリアは、２０１９年に生産した小麦の、それぞれ約52％と約55％を輸出しています。そのため、たとえ生産量が半減するほどの大不作でも、まだ輸出できるほどの余力があるということです。ちなみに、オーストラリアは、通常の年なら小麦生産量の約70％を輸出しています。２０１９年は、前年から続いた干ばつの影響で不作の年でした。一時的にカナダから小麦を輸入したほどです。にもかかわらず、１年を通してみると９６０万トンもの小麦を輸出しています。日本の小麦の総輸入量が約５５０万トンであることを考えると、不作の年でもかなりの量を輸出していたことになります。

そのため、日本のような国にとって、穀物輸出規制によるリスクは、ゼロとはいいませんが、無視できるレベルだと思われます。このことは、２００８年や２０１１年に、主要な穀物輸出国が同時期に不作に見舞われ、穀物の国際価格が4倍以上にまで急騰した時ですら、米国やオーストラリアが輸出規制をしなかったことからもわかります。実際、その時期の日本では、穀物の輸入額が前年比の2倍に増えたりはしましたが、高い経済力のおかげで、穀物の輸入量はそれほど変わりませんでした。

ただ過去には、米国の食料輸出規制が、日本にそこそこの影響を与えた事例があります。少し古い話ですが、面白い事例なので、最後に付け加えておきます。

１９７３年、米国は大豆の輸出を３か月間禁止しました。当時すでに、日本は米国からの大豆輸入に大きく依存していたため、短期間とはいえ、味噌、豆腐、納豆、醤油などの大豆製品を生産する現場は大混乱し、大豆製品も値上がりするなど、日本への影響は小さくありませんでした。

では、なぜ米国は大豆の輸出を禁止したのでしょうか？　普通に考えると、米国で大豆が不作だったからだと予想しますが、本当の理由は違ったといわれています。

まず、ＦＡＯのデータによると、１９７０年から米国の大豆生産量は増え続けており、１９７３年には前年の３４６０万トンから４２１１万トンにまで急増しています。これは、１９７３年に大豆の価格が高騰したことに対応して生産量が増えたためだと思われますが、いずれにしても不作とはいえそうにありません。

それでは、なぜ不作でもないのに大豆の価格は上がり、米国は輸出禁止までしたのでしょうか？

じつは、ペルー産アンチョビーの不漁が原因だったといわれています。順を追って説明すると、まず、アンチョビーは家畜の飼料用に使われていたため、アンチョビーの不漁により飼料が不足しました。そこで、アンチョビーの代わりに、大豆から油を絞った後にできる大豆かすを飼料として使うことにしたのです。これにより、米国国内における大豆の需要が急増し、価格も上がったのです。

つまり、米国は自国の畜産農家への大豆供給を優先するために、大豆の輸出を禁止したということです。意地悪ないい方をすると、日本での人間の食料よりも、自国での家畜の飼料を優先した、きわめて自国優先的な輸出禁止だったのです。

話はまだ終わりません。この事例がさらに興味深いのは、このような輸出禁止が、長期的には米国の大豆農家にとって大きなマイナスになったという点です。どういうことかというと、この輸出禁止がきっかけとなり、日本は、ブラジルにあるセラードという、日本の総面積の5倍はある広大な熱帯サバンナ地域において、大豆を生産するための大規模開発事業を計画します。このブラジル政府との共同事業は、1979年から本格始動しました。その結果、ブラジルでの大豆生産が急増し、現在では、米国を超えるほどの大豆輸出国にまで成長しています。つまり、米国は一時的な輸出禁止によって、将来のライバルを誕生させてしまったということになるのです。

貿易戦争と森林破壊

最後に、食料とはまったく関係ない政治的な理由で、国際食料市場が歪められ、ひいては環境問題の要因にまでなった事例をみてみましょう。

事の始まりは、米中間の貿易摩擦になります。米国のトランプ政権は、２０１７年8月から、増え続ける対中貿易赤字と、中国の貿易慣行を問題視していました。その後の駆け引きや交渉も不調に終わり、２０１８年7月、ついに米中貿易戦争が勃発します。

米国は、中国から輸入しているロボットや半導体など１０００品目以上に、25％の追加関税（５００億ドル相当）を発動します。中国も、米国の追加関税に報復するかたちで、米国から輸入している大豆や自動車など８００品目以上に、25％の追加関税（５００億ドル相当）を発動したのです。これ以降も、米中による追加関税措置の応酬は続き、２０２０年に米中貿易協定が締結されるまで、緊張状態が続くことになります。

米中貿易戦争の影響は食料貿易にも及び、なかでも大豆貿易への影響は深刻でした。というのも、中国は世界最大の大豆輸入国であり、米中関係が悪化する以前、米国は中国における主要な大豆輸入先国の１つだったからです。２０１６年時点で、中国の大豆輸入額は国際大豆市場の61・4％（約３２３億米ドル）を占めており、中国における大豆輸入額の43・7％は米国からの輸入でした。そのため、米中間の大豆貿易だけで、国際大豆市場の約27％（約１４１億米ドル）を占めていたのです。ちなみに、中国における主要な大豆輸入先国はブラジルと米国の2カ国で、ブラジルからの輸入は中国の大豆輸入額全体の44・6％を占めていました。

それでは、なぜ中国は、これほど大量の大豆を輸入しているのでしょうか？　じつは、輸入している大豆のほとんどは、食用ではなく、豚の飼料用なのです。中国国内では、経済成長にともない豚肉需要が急増しており、それに呼応して豚肉の生産量も急増しています。たとえば、中国における豚肉の国内供給量は、１９７０年の６０４・５万トンから２０１８年の５５９４・２万トンまで、９倍以上増えています。１人当たりの年間豚肉供給量も、１９７０年の７・３kgから２０１８年の38・３kgにまで、５倍以上増えているのです。一方で、飼料用穀物をすべて国内で生産することは、気候・地理条件的に難しく、２０００年にＷＴＯに加盟した後は、なし崩し的に飼料用大豆の輸入量が増えていきました。

このような状況のなか、中国は２０１８年に、報復措置の一環として、米国産の大豆に対する輸入関税を３％から28％に引き上げたのです。これにより、米国からの大豆輸入量は急減します。ただ、国内での豚肉生産量を減らすわけにはいかないため、必要となる飼料用大豆の量は変わらないのです。

そこで、中国は、もう１つの主要な大豆輸入先国であるブラジルからの輸入量を急激に増やしました。ブラジルからの大豆輸入額は、２０１６年の１４４億ドルから２０１８年の２７３億ドルにまで、ほぼ倍増します。中国における大豆輸入額に占めるブラジルの割合も、44・６％から80・９％にまで増えるのです。

それでは、ブラジルはどうやって、これほど急激に大豆の輸出量を増やすことができたのでしょうか。ざっくりいって、方法は2つしかありません。輸出用大豆の、土地面積当たりの収穫量を増やすか、耕地面積を増やすかです。また、いずれの方法にしても、種まきから収穫まで約5か月かかるため、輸出量を増やすのにも最低5か月は必要になります。

現実問題として、土地面積当たりの収穫量を短期間で増やすことは非常に難しいため、ブラジルは、主に耕地面積を増やすことで、大豆の輸出量を増やしたと考えられます。それも、熱帯雨林を切り開いて、あらたな耕地を整備した可能性が高いのです。

図4は、2010年から2019年までの、中国における大豆の輸入先国別の輸入額と、ブラジルにおける森林面積の減少量との関係を表しています。図4からわかるように、中国でブラジル産大豆の輸入額が増えた2018年の前

図 4：中国における大豆の輸入先国別の輸入額とブラジルの森林減少（2010-2019年）

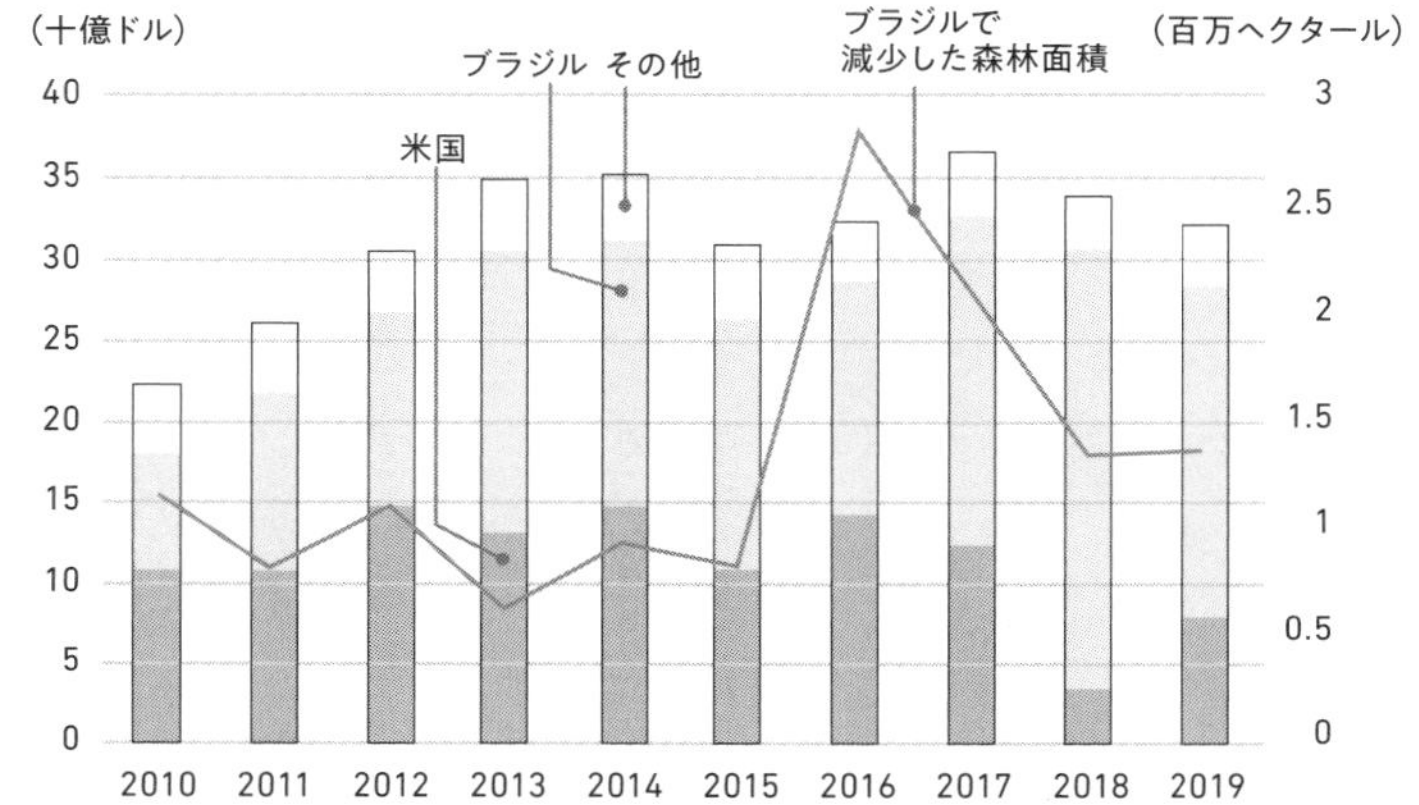

出所：「BACI : International Trade Database at the Product-Level」の貿易データ、「Global Forest Watch」の森林面積データより著者が作成。

年と前々年に、ブラジルにおける森林面積が急激に減少しています。興味深いのは、森林面積の減少が２０１６年から始まっていることです。これは憶測の域を出ないのですが、中国政府は、２０１６年の大統領選挙期間中にドナルド・トランプが対中貿易赤字を批判し始めたころから、すでに米国との貿易摩擦を予想して動き始めていた可能性があります。そして、２０１８年に大豆などの輸入関税を強気に引き上げられたのも、すでに代替措置の見通しが立っていたからかもしれません。

いずれにせよ、この事例のように政治的な思惑で市場を混乱させることは、結果として、どこかにシワ寄せがいくことになります。そして、往々にして、シワ寄せを受けるのは社会的に弱い地域やグループなのです。この事例でいうと、最終的にシワ寄せを受けたのは、貿易摩擦とは直接関係のない、ブラジルの熱帯雨林とそこに生息していた動植物たちというわけです。

＊1　OECD（2020）を参照。

＊2　ここでの議論は、Hepburn et al.（2021）に基づく。

8章 「人間らしさ」の難しさ

「食べる」にまつわる社会問題として最後に紹介するのは、「人間らしさ」がもたらす問題についてです。

従来の経済学の枠組みで考えると、優れた技術が発明され、完璧な制度が整備されれば、ほとんどの社会問題は解決されるはずでした。そして、完璧ではないにしろ、現在の技術や制度でも、4章から7章で出てきた社会問題の多くは、もっと改善できてもいいはずなのです。しかし、現実には、なかなか解決できていないどころか、悪化している問題すらあります。なぜ、このような現実とのギャップが生じているのでしょうか？

これは、従来の経済学の枠組みが、「人間らしさ」を単純化し過ぎていたためです。その結果として、分析のために仮定される人間像があまりに合理的過ぎたのです。

ここで仮定される人間像とは、手に入るすべての情報を正しく理解および活用し、「実行したい」と思ったら、物理的に可能である限り、必ず実行に移すような人間です。もし世界人口のほとんどがそのように合理的な人間なら、優れた技術や制度を用意するだけで、ほとんどの社会問題は解決できるかもしれません。

しかし、生身の人間はもっと非合理的で、その非合理的な部分こそが「人間らしさ」だったりします。たとえば、現実世界には、たとえ「実行したい」と思っていて、物理的に実行可能だとしても、実際には実行に移さない場合が数多くみられます。身近な例としては、ダイエットの失敗などがそうでしょう。そして、近年の研究から、このような行動を説明するカギが「人間らしさ」にあることがわかってきています。

この本でいう「人間らしさ」とは、記憶力や認知能力に限界があるため、現実世界の認識にバイアスがかかり、道理に合わない選択や行動をしてしまう特性のことです。このような特性は「限定合理性」と呼ばれることもあります。限定合理性とは1947年にハーバート・A・サイモンによって提唱された概念で、決して新しい概念ではないのですが、近年注目されている行動経済学の根底をなす概念になります。そして、人間の「認知バイアス」には様々な共通パターンがあることが、主に心理学の研究によってわかってきています。そのような心理学の知見を、経済学の枠組みと融合させた分野が、行動経済学や実験経済学になります。

「人間らしさ」は、人間である以上、避けられない特性です。そして、そのような特性が、社会問題を解決するためのボトルネックになっている場合も少なくないのです。つまり、どんなに優れた技術や制度も、正しく活用されなければ真価を発揮することはできませんが、正しく活用されない要因が「人間らしさ」にある場合です。

そこで、この章では、「食べる」にまつわる社会問題の中でも、「人間らしさ」が問題解決の妨げになっている事例に注目してみていきます。

「食べる」はバイアスがかかりやすい？

人間の認知バイアスというのは、常に一定なのではなく、実際に選択や行動するときの条件によって、発生するバイアスの種類や強さが変わります。そして、「食べる」という行為や状況は、認知バイアスが発生しやすい条件がそろっているのです。たとえば、人は毎日繰り返し、何百という「食べる」に関連した選択をしています。そのため、現実問題として、いちいち深く考えていられません。そして、深く考えないということは、認知バイアスもかかりやすくなるのです。

どのような認知バイアスがかかりやすいのか、まずは、1章で取り上げた「食べる」の特殊性と、認知バイアスの関係についてみてみましょう。ここでは、次の2つの性質に注目します。

①「食べる」は生命維持に直結する

②「食べる」は体内に取り込む

まず、人間は自分にとって望ましくないことや都合の悪いことを過小評価したり、無視したりする傾向があります。そのような認知バイアスとして、「楽観バイアス」、「正常性バイアス」、「オーストリッチ効果」などがあります。そして、「食べる」は生命維持に直結しているため、それに関する都合の悪い情報は信じたくないという心理的な力が働き、これらの認知バイアスが発生しやすくなる可能性があるのです。

たとえば、「現在の食生活を続けると、気候変動によって、30年後には食料や水の価格が50％以上値上がりし、10人中7人は、十分な食事すらできなくなる」と予測されたとします。しかし、たとえ予測を信じたとしても、実際に現在の食生活を変える人は、ほとんどいないでしょう。なぜなら、「楽観バイアス」によって、大半の人が、自分には影響がないと考えるからです。ただ、本当に影響がないのは10人中3人だけなので、そう考える人々の多くは「自分が十分な食事すらできなくなる」可能性を過小評価していることになります。

さらに、気候変動のような、これまで経験したことのない出来事だと、人は「そんなことは起こりえない」と、自分に都合の悪い情報を無視したり過小評価したりする傾向があります。これが、「正常性バイアス」や「オーストリッチ効果」です。そのため、たとえ自分が気候変動の影響を受けると考えたとしても、「実際には50％も値上がりするはずがない」とか、「なんとかなるだろう」と、その影響自体を過小評価してしまうのです。

また、「食べる」の体内に取り込むという性質も、信じたくないという心理的な影響を強める原因になります。1章と同様に、ここでも体内を自宅にたとえてみましょう。次に、2つの状況がありますす。どちらのほうをより信じたくないか、考えてみてください。

状況① 自宅の前で水道メーターをチェックしている人は、じつは強盗だ
状況② 自宅に入ってトイレ修理をしている人は、じつは強盗だ

もちろん、どちらも信じたくありませんが、状況②のほうをより強く信じたくないと感じるのではないでしょうか。自宅の外か内かで、心証は大きく異なります。同様の理屈で、体内に取り込む食品の場合は、体内に取り込まない商品の場合と比べて、望ましくない情報を信じたくないという心理的な影響が強くなり、結果として認知バイアスがより強く発生する可能性があります。

さらに、これらの状況を経験した後の拒否反応も、状況②のほうがより過剰になるでしょう。人によっては、トイレ修理だけでなく、保守点検や電気工事といったあらゆる他人を自宅に入れることを拒否するようになるかもしれません。

このような過剰反応は決して合理的とはいえませんが、それほど珍しいものではなく、心理学でいうところの「確実性効果」と関係してきます。ここでの確実性効果とは、これまで安全だと疑ったこともなかった事柄に、ごくわずかなリスクが加わることで、実際よりも大幅に過大なリスクを感じるようになる心理的効果のことです。同様の理屈で、食品の安全性のほうが、他の商品の安全性と比べて、人々がわずかなリスクに過剰に反応する可能性が高くなるのです。

たとえば、ケニアにおける研究[*1]では、HIV／エイズに感染した人に対する偏見を調べるために、HIV／エイズに感染した人が「袋詰めしたピーナッツ」と「手作りしたホウキ」が、通常のピーナッツとホウキに比べて、どれくらい人々に避けられるかを比較しました。ここでのポイントは、HIV／エイズは経口では感染しないため、どちらとも感染リスクはほぼゼロという点です。にもかかわらず、ピーナッツの購入は約50％悪化したのに対し、ホウキの購入は約40％の悪化でした。どちらとも驚くほど過剰な反応ですが、それでも食べ物のほうがより過剰に避けられたということです。

「食べる」が内包する特性には、上記の2つの性質以外にも、人の認知バイアスがかかりやすくなる条件が多くあります。他の特性と認知バイアスとの関係については、これから、実際の社会問題と関連付けながら説明していきたいと思います。

栄養不足はもっと減っていい

まず、5章で取り上げた、途上国における栄養不足の問題に注目します。従来の経済学の枠組みでは、「なにかしら貧困世帯の食費を補助すれば、それらの世帯のエネルギー摂取量が増えて、栄養不足も減る」と考えられていました。「そんなの当たり前だろ」と思う人も多いはずです。

しかし、実際には、補助に見合うほど食べる量が増えないのです。たとえば、貧困世帯が栄養不足から抜け出すために、あと１０００円分の小麦が必要だとします。そこで、政府は１０００円分の小麦を補助したとします。しかし、貧困世帯が食べる小麦の量は、５００円分しか増えなかったり、ほとんど増えなかったりします。結果として、栄養不足も期待されたほど改善されないのです。

具体例として、インド政府が実施している「公的分配システム（ＰＤＳ）」についてみてみます。ＰＤＳでは、貧困世帯の主要な食料へのアクセスを確保するために、穀物や砂糖などへの価格補助を実施しており、年間約７５００億ルピー（約１兆１０４５億円）が投じられています。ＰＤＳは１９４７年に始まり、その後何度か改革され、１９９７年に現在の形になりました。

しかし、ＰＤＳの実施にもかかわらず、インドでの栄養不足率は、３年平均値で、２００３年の18・４％から２０２０年の15・３％までしか減っていません。人口は年率１％で増え続けているため、栄養不足の人数でみると、２００３年の１億９８３０万人から２０２０年の２億８６０万人と、むしろ増えているのです。

これまで、数多くの研究が、ＰＤＳの食生活や栄養状態を改善する効果について分析してきましたが、そのほとんどが効果は小さいと結論づけています。それらの研究の１つに、豆類への価格補助によって、貧困世帯の豆類を食べる量とタンパク質摂取量がどれくらい増えるかについて検証した研究があります。[*2]

価格補助以前の１世帯当たりの総タンパク質摂取量は１９１・６ｇ／日で、推奨摂取量である約２４０ｇ／日よりも少なく、タンパク質不足の状態でした。また、１世帯当たりの豆類からのタンパク質摂取量は、23・24ｇ／日だったので、価格補助によって豆類を食べる量を倍以上にできれば、推奨摂取量にかなり近づけることができるはずなのです。

しかし、ＰＤＳによって、豆類の購入パターンは大きく変わったものの、全体でみたタンパク質摂取量はあまり増えませんでした。というのも、ＰＤＳによって安くなったアラハル豆やウラッド豆の購入量は倍増したのですが、安くならなかった他の豆類の購入量は大きく減少したのです。

結果として、豆類１kg分の補助をしたことで、１世帯が１か月間に食べる豆類の量は、１２６〜２６６ｇしか増えませんでした。そして、豆類からのタンパク質摂取量は１世帯当たり１・38ｇ／日しか増えませんでした。一方、食生活全体でみた総タンパク質摂取量は、１世帯当たり11・96ｇ／日増えました。これは、豆類への補助金で浮いたお金で、肉などの購入量を増やしたためです。ただ、タンパク質の推奨摂取量までの差は、１世帯当たり約50ｇ／日であるため、ＰＤＳの効果は不十分といわざるを得ません。

もし他の豆類の食べる量を変えなければ、この補助によって総タンパク質摂取量は約23ｇ／日は増えたはずなのです。しかし、実際には、タンパク質不足であるにもかかわらず、補助の効果を半減させるような行動をとっているのです。

このような行動を引き起こす認知バイアスとして、「メンタル・アカウンティング」と「リスク補償行動」があります。

「メンタル・アカウンティング」とは、心が決める損得勘定のことで、客観的な価値判断とズレが生じることがあります。たとえば、宝くじに当たって手に入れた1万円でも、アルバイトで働いて手に入れた1万円でも、客観的にはどちらも1万円なので、自分にとってベストな使い方は同じになるはずです。しかし、メンタル・アカウンティングの働きによって、宝くじのように思いがけず手に入った1万円は無駄遣いされ、働いて稼いだ1万円は生活費として堅実に使われるということがあります。

これと同じように、貧困世帯は、政府からの補助などで浮いたお金を、「得した」や「どうせ、あぶく銭」と感じることで、お酒やたばこなど必要性の低いものに使ったり、肉などの少し贅沢な食品に使ったりしてしまうのです。

一方、「リスク補償行動」とは、身のまわりの環境の危険性が低下したと感じられると、まるでその埋め合わせをするかのように、以前よりも危険性が高い行動をとる傾向のことです。つまり、補助を受け取り、以前よりも金銭的に少し余裕が出ることで、以前よりも健康に悪い生活スタイルを選択してしまう可能性があるということです。このような認知バイアスも、政府からの補助によって、人々の食生活がより不健康になったり、たばこやお酒の消費量が増えたりする理由の一つになります。

子供の生死を分ける思い込み[*3]

途上国では、食料不足だけでなく、安全な水が手に入らないという問題もあります。そして、安全でない水が引き起こす深刻な問題の1つが、幼い子供の下痢です。

ユニセフ（国際連合児童基金）によると、2017年には、全世界の5歳未満の子供たちの約8％が下痢で死亡しました。つまり、下痢が原因で、1日に平均で約1400人、1年間で約52万5000人の子供たちが死亡したのです。このうち、90％近くは南アジアとアフリカに集中しています。

こう聞くと、「下痢なんて、簡単に治るだろう」と思う人も多いでしょう。そして実際、その通りなのです。

まず、下痢は予防できます。予防接種、母乳育児、石鹸による手洗い、安全な飲み水やトイレへのアクセスを拡充することで、簡単に予防できるのです。

また、たとえ下痢になったとしても、経口補水塩療法という安価で効果的な治療法があり、ほぼ100％完治できます。下痢による死亡のほとんどは、脱水症状が主な原因なので、適切に水分を補給すれば、まず死ぬことはないのです。ちなみに、経口補水塩は、日本では熱中症対策として、ドラッグストアなどでよく売られています。

実際、予防や経口補水塩のおかげで、下痢で死亡する5歳未満児の数は、世界全体で、2000年の約120万人から2017年の約52万人にまで大幅に減少しました。ただ、5歳未満児の下痢による死亡の90％以上は、経口補水塩によって完治できるといわれています。つまり、技術的にみると、下痢で死亡する5歳未満児の数は、2017年には5万人くらいにまで減少してもいいはずなのです。

問題は、途上国で経口補水塩の使用がなかなか広がらないことにあります。経口補水塩は極めて安価もしくは無料で提供されており、少なくとも病院に行けば簡単に手に入るはずなのに、なぜか使ってくれないのです。

2016年のインドでは、5歳未満児が下痢になった時、67・9％の親が病院などに相談しますが、実際に経口補水塩を使ったのは40・1％だけだったというデータがあります。2020年のデータでも、下痢になった5歳未満児に経口補水塩療法を使う割合は、開発途上国全体で40・8％に留まっています。

それでは、なぜ、経口補水塩を使わないのでしょうか？

当初、政府や研究者は「親の教育レベルが低いのが原因なので、教育すればよい」や「経口補水塩に関する情報を、もっと提供すればよい」と考えました。そして、途上国における教育プロジェクトや情報提供キャンペーンなどに多くのお金が費やされています。しかし状況はあまり改善していません。親の行動が、期待されたほど変わらないのです。

このような親の行動を説明する認知バイアスとして、「誤帰属」、「損失回避性」、「現状維持バイアス」などが考えられます。

「誤帰属」とは、真の原因を取り違えて、誤った因果関係を信じることです。下痢の例でいうと、安全でない水を飲むことで下痢になり、そのせいで子供が死んだ場合、親は「水を飲ませると悪化する」と思い込むのです。そのため、下痢の子供には水を飲ませないほうがいいと考え、経口補水塩を水に溶かした経口補水液も液体なので、子供に飲ませないのです。実際、インドでの調査によると、貧困世帯の女性の35〜50％が、「子供が下痢のときは、与える水分量を減らす」と答えています。

しかし、下痢で子供が死ぬ本当の原因は、下痢による脱水症状なのです。そのため、たとえ下痢をしていても、水分を取らせ続けることが、正しい治療法になります。経口補水液を与えるのがベストなのですが、安全でない水しか手に入らないとしても、水を与えないよりは、煮沸した水を与えたほうがマシなのです。そして、誤った思い込みから、与える水分量を減らすことは、むしろ子供の状態を悪化させていることになります。ただ、誤解とはいえ、一度信じた考え方を変えるのは難しく、考え方が変わらないと行動も変わらないのです。

さらに、子供の生死がかかっているとなると、「損失回避性」という認知バイアスの働きによって、親の行動を変えることはさらに難しくなります。損失回避性とは、同額の利益と損失を比べるとき、利益から得る満足より、損失で失う満足のほうを大きく感じる心理的傾向のことです。

利益よりも損失を過大に恐れて現状を変えない傾向を、「現状維持バイアス」とも呼びます。この事例でいうと、「経口補水塩を使って子供が助かる利益」よりも、「経口補水塩を使って子供が死んでしまう損失」のほうを過大に恐れるため、現在の行動を変えることはなく、経口補水塩も使わないというわけです。

後悔先に立たずの肥満と環境

ここからは、肥満や環境の問題に共通する特性と認知バイアスの関係についてみていきます。これらの問題の特性は、「食べる」とそれによる結果が出るまでの間に大きな時差があり、その結果による影響が曖昧だという点です。つまり、食べてから、肥満になったり環境問題が表面化したりするまで数か月から数年かかり、それらが自分の健康や生活にどのように悪影響を及ぼすかが曖昧なのです。このような特性は、「現在志向バイアス」や「曖昧回避性」といったバイアスを発生しやすくします。

「現在志向バイアス」とは、将来の満足よりも、現在の満足を過度に重視する傾向のことです。経済学では、「時間割引率」という概念を使って考えます。

まずは、単純化した例を考えてみましょう。たとえば、「ハンバーガーを食べる」から得る満足度を10として、「肥満にならない」から得る満足度を11とします。そして、ハンバーガーを食べると、1年後に必ず肥満になると仮定します（あくまで、仮定です!）。もしハンバーガーを食べた途端に肥満になるのなら話は簡単で、単純に2つの満足度をくらべて、より満足度の大きい「肥満にならない」を選び、ハンバーガーは食べません。

しかし、私たちが実際に比較する満足度は、「今すぐハンバーガーを食べる」から得る満足度と、「1年後に肥満にならない」から得る満足度になります。そして、人は、現在の満足に比べて、将来の満足を割り引いて感じる傾向があります。たとえば、1年先の満足度は1割引になるとします。この1割引が、経済学でいうところの「時間割引率」になります。

そのため、「1年後に肥満にならない」の満足度は、11から1割引いた9・9になります。一方、「今すぐハンバーガーを食べる」の満足度は10なので、より満足度の高い「今すぐハンバーガーを食べる」を選ぶことになるのです。しかし、1年後に実際に肥満になったとき、その時点での満足度を比べると、「肥満にならない」のほうが「ハンバーガーを食べる」よりも満足度が高いので、「なぜ1年前にハンバーガーを食べてしまったんだ」と後悔することになるのです。

このような「時間割引率」の影響は、「食べる」とそれによる結果が出るまでの時差が長ければ長いほど、大きくなります。従来の経済学では、「時間割引率」は一定で、割引率の合計は時間が長くなるにつれて指数割引き的に増えると仮定されていました。しかし実際には、選択の条件によって、「時間割引率」が変化することがわかってきています。このような現象を、行動経済学では、変則的な時間割引率という意味で、時間割引率の「アノマリー（anomaly）」と呼びます。ここでは、そのようなアノマリーの中でも、金額効果と時間的非整合性に注目します。

「金額効果」[*4]とは、時間割引率が、金額が小さいほど高くなる傾向のことです。

たとえば、以下に2つの問いがあります。それぞれ、選択肢のAとBを比べて、好ましいほうを選んでみてください。

問1　A　今日500円受け取る
**　　　B　明日505円受け取る**

問2　A　今日500万円受け取る
**　　　B　明日505万円受け取る**

さて、どちらを選んだでしょうか？

もし時間割引率が金額に影響されないなら、つまり金額効果がない場合、両方ともAを選ぶか、両方ともBを選ぶはずです。なぜなら、問1と問2で、受け取りを1日延ばすことで得られる金利はどちらとも1％だからです。

しかし、実際には、問1ではAを選び、問2ではBを選んだ人もけっこういるのではないでしょうか？　つまり、受け取りを1日延ばすための金利は、500万円なら1％で十分ですが、5

００円なら１％では足りないということです。別の言い方をすると、５００万円なら時間割引率は１％未満ですが、５００円なら時間割引率は１％より高いということです。要するに、金額が小さいほうが、時間割引率が高くなっているのです。

このような金額効果によって、額の小さい食品の選択では、額の大きい車の選択などに比べて、時間割引率が高くなる傾向があります。つまり、車を選ぶときよりも、食品を選ぶときのほうが、現在志向バイアスがより強くなる可能性があるということです。このことは、環境にやさしい車は選んでも、環境にやさしい食品は選んでくれないという行動の理由の１つになります。

次に、「時間的非整合性」[*5]とは、「現在の自分」と「未来の自分」で、価値判断の整合性がとれないという特性のことです。たとえば、次の２つの問いで、それぞれ選択肢のＡとＢを比べて、好ましいほうを選んでみてください。

問３　Ａ　今日５万円受け取る
**　　　Ｂ　明日５万５００円受け取る**

問４　Ａ　３６５日後に５万円受け取る
**　　　Ｂ　３６６日後に５万５００円受け取る**

もし時間的な整合性のある人なら、問3と問4で「受け取りを1日待つことで得られる金利と金額」は同じなので、両方ともAを選ぶか、両方ともBを選ぶはずです。しかし、実際には、人々は、問3ではAを選び、問4ではBを選ぶ傾向があることがわかっています。つまり、「未来の自分」よりも、「現在の自分」のほうが、現在志向バイアスが強くなるのです。

もっとざっくりいうと、人は目先のことになると、忍耐強い選択ができなくなるということです。そして、毎日繰り返し迫られる食品の選択というのは、多くの人にとって、目先の選択になりがちなのです。そのうえ、目先の選択で食品を選ぶときほど、より不健康な食事になることがわかっています。

たとえば、米国のシカゴとロサンゼルスで実施された、出前サービスを使ったフィールド実験があります[*6]。

この実験では、まず、被験者に1週間後に届ける出前の注文をしてもらいます。注文は、予算約2000円以内で、10種類の野菜・果物と10種類の菓子の中から好きなものを選んでもらいます。そして、1週間後の出前当日に、突然、1週間前の注文内容を今から変更できると伝えます。すると、46%もの人が、1週間前に注文した内容から、野菜・果物を減らして、菓子を増やし、より不健康な内容に変更したのです。この変更によって、注文の総エネルギー量も平均で60キロカロリー増えました。つまり、長期的な視点から健康的な食生活を計画しても、計画を実行する

「現在」になると、「将来」の健康を犠牲にした不健康な食生活を選択してしまうのです。

このような選択をしてしまうもう1つの理由として、「曖昧回避性」があります。人は、結果が曖昧な選択肢を避ける傾向があります。そして、「食べる」が「将来」の健康や自然環境に与える影響は、数年後から数十年後にあきらかになるもので、「現在」からは曖昧な予測しかできません。一方で、現在おいしいものを食べれば、確実に高い満足度を得られるのです。そのため、「将来」の健康や環境よりも、「現在」のおいしいを優先した食生活を選んでしまうのです。

食の安全性への過剰反応

この章の冒頭で、「食べる」の「生命維持に直結する」と「体内に取り込む」という特性から、「確実性効果」の作用により、食の安全性に過剰反応しやすくなるという話をしました。それらに加えて、食の安全性は「見た目からはわからない」という特性から、過去の経験や第三者の情報を頼りに判断するしかなく、その判断する過程で認知バイアスが発生しやすくなります。また、ここでは、個人レベルの認知バイアスだけでなく、それを助長するような社会環境の影響についてもみていきます。

食の安全性に対する過剰反応は、大きく分けて2つのパターンがあります。

パターン① 実際のリスクを過大に見誤るパターン
パターン② どんなに小さなリスクも感情的に受け入れないパターン

まず、パターン①を引き起こす「人間らしさ」として、「利用可能性ヒューリスティック」や「利用可能性カスケード」があります。

「利用可能性ヒューリスティック」とは、人がリスクを判断するとき、手に入りやすい情報や思い出しやすい情報を、優先的に使ったり重要視したりする傾向のことをいいます。たとえば、親しい友人から「ある店の弁当を食べてお腹をこわした」と聞くと、本当にその弁当が原因かどうかわからず、その友人以外の客はお腹をこわしていないとしても、心のどこかで、その店の弁当の安全性を疑ってしまうのです。

一方、「利用可能性カスケード」とは、個人の偏った反応がSNSなどで連鎖したり、メディアで偏った報道がされたりすることで、社会全体の認識にバイアスが生じる現象のことです。たとえば、6章で取り上げた、牛海綿状脳症（BSE）の事例があります。2001年に、突然、千葉県でBSE感染疑いの牛が見つかると、報道は過熱し、日本中がパニック状態になりました。国は、発生後すぐに、30か月齢以上の牛を対象にスクリーニング検査を始めます。しかし、その後、科学的根拠のない報道や世論に流されるかたちで、すぐに全頭検査にまで拡大しました。

ここで問題だったのは、若い牛（30か月齢未満など）を検査しても意味はないという科学的事実を無視して、全頭検査に拡大したことです。ＢＳＥを起こす異常プリオンというタンパク質は、月齢を重ねるごとに脳に蓄積していき、検査で検出できるほどの異常プリオンが蓄積するまでに平均で50か月かかることがわかっていました。そのため、たとえ若い牛が感染していたとしても、検査では検出できないのです。この事実は、専門家の間では広く知られていました。すでにＢＳＥ問題に対処していた欧州諸国が、30か月齢以上の牛のみを検査対象としていたのも、こうした理由からでした。

つまり、当初の、30か月齢以上の牛のみを検査するという政府の判断は、合理的で適切なものでした。しかし、日本社会は、欧州の事例や専門家の意見よりも、身近で手に入りやすいテレビ番組や週刊誌による情報を優先し、政府は社会の流れに逆らえなかったということです。それも、全頭検査に拡大することで、一部の無意味な検査に何百億円も費やし、その費用は税金でまかなわれていたことを考えると、科学的だけでなく、経済的にみても非合理的な選択だったといえます。

消費者がＢＳＥの報道に過剰反応する現象は、米国や韓国などでもみられました。たとえば、米国における実験[*7]では、無作為に選んだ被験者に5分間のＢＳＥに関するニュースを見せて、その後、牛肉を使ったハンバーガー1個に支払いたいと思う金額を聞きました。すると、ニュースを見ていないグループでは平均2・44ドルでしたが、ニュースを見たグループでは平均1・39ドルとかなり低くなりました。つまり、ＢＳＥに関するニュースを5分間見るだけで、被験者にとってのハンバーガーの価値が60％も低くなったのです。

このような反応よりも、さらに極端な反応が、パターン②になります。つまり、金額の問題ではなく、とにかくリスクを受け入れないのです。そのような反応を説明する「人間らしさ」として、「確実性効果」や「ゼロリスク効果」があります。

「ゼロリスク効果」とは、リスクがゼロになることを、何をおいても優先する傾向のことです。たとえば、ある食品工場で、食品が汚染される確率を「56％から55％に減らすために1000万円かける案」と「1％から0％に減らすために1000万円かける案」が提案されたとします。どちらの案も、汚染の確率を1％下げるために1000万円かけるという意味で同等のはずです。それにもかかわらず、1％から0％に減らすほうがやる価値があるように感じてしまうのです。

パターン②の例として、福島県産米に関する事例があります。福島県は、原発事故が発生した2011年から2020年まで、県内で生産されるすべての米を対象に放射性物質検査（全量全袋検査）を実施してきました（現在は、県の一部の市町村でのみ実施）。生産される米の量は年間約37万トンあり、全量を検査するには年間約60億円もかかりました。それでも、消費者の「食品中の放射性物質による健康被害への不安」を、少しでも軽減するために実施されてきたのです。

そして、2015年以降、国の基準値（1kg当たり放射性セシウム100ベクレル）を超える米は1袋も出ていません。にもかかわらず、福島県産米は絶対に買わないという人が、今でも少なからずいます。

その一例として、私の研究グループが2016年と2020年に実施した調査[*8]では、「どんなに安くても福島県産米は買わない」と答えた人が、2016年には全体の35%、2020年でも全体の27%もいました。買わない理由は、約3割の人は「検査が信用できない」、他の約3割の人は「放射性物質を避けたい」、残り約4割の人は「理由はわからないがとにかく買わない」でした。

2015年以降の全量全袋検査の結果をふまえると、「検査が信用できない」以外の理由は、決して合理的とはいえず、感情的に福島県産米を避けている可能性が高いといえます。

さらに、この調査結果から、一部の人々の間で、福島県産米に対する過剰反応が長期化していることがわかります。長期化している理由として、「認識の慣性」や「確証バイアス」などが考えられます。

「認識の慣性」とは、一時点での認識が惰性的に変化しない性質のことで、「人の認識」と「現実」が乖離する要因になります。この事例でいうと、福島県産米に対する認識が原発事故直後から変化しない一方、現実は大きく改善していることで、認識と現実の間に大きな差が生まれるのです。その結果、事故から9年経過した2020年になっても、事故直後と同様の反応を続けており、現実からかけ離れた過剰な反応となっているのです。

それでは、なぜ認識が変化しないのでしょうか？　その一因に「確証バイアス」があります。

「確証バイアス」とは、無意識のうちに、自分にとって都合のいい情報ばかりを集めて、反証する情報を無視したり軽視したりする傾向のことをいいます。つまり、この事例では、事故直後に「福島県産米は危険」と強く認識すると、その後、国や福島県から改善した状況について多くの情報が発信されても、最初の認識を支持するような情報しか目に入ってこなくなるのです。

自分の影響力を早とちり

6章で、肉食は特に自然環境への負荷が大きいという話をしました。だからといって、食べる肉の量をすぐに減らせるかというと、そう簡単にはいきません。これは、前述したように、「現在志向バイアス」や「現状維持バイアス」によって、将来の環境問題よりも、いまおいしい肉を食べることを優先してしまうからです。

これらの認知バイアスに加えて、もう1つ理由があります。それは、人はできるだけ省エネで物事を考えようとするため、よく考えずに、わかりやすい結論に飛びついてしまう傾向があるからです。肉食と環境問題の事例でいうと、「ちょっとした変化では意味がない」や「菜食主義者にならないと意味がない」など、極端で恣意的な結論を出して、それ以上考えるのをやめてしまうのです。

このように、行動を「まったく変えない」か「すべて変える」の二択で考えるほうが、「10%

だけ変える」や「2%ずつ段階的に変える」など他の無数の選択肢を検討するよりも、シンプルで省エネなのです。しかし、二択だと、「行動を変える」イコール「すべて変える」になってしまい、行動を変えるハードルが高くなりすぎて、結局ほとんどの人が「まったく変えない」を選ぶことになるのです。

また、行動の変化による影響を、早とちりしてしまうことも少なくありません。たとえば、「健康志向の甲さん」と「肉好きの乙さん」の2人がいて、2人とも肉を食べる頻度を減らす場合を考えてみましょう。甲さんは、もともと肉を食べる頻度が「2日に1回」と少なめでしたが、そこからさらに「4日に1回」に減らします。乙さんは、肉を「毎日」食べていましたが、そこから少し減らして「週5回」にします。単純化のために、2人とも同じ種類の肉を1回当たり100g食べるとします。

さて、2人の行動の変化を比べたとき、どちらのほうが肉食による環境負荷を減らす効果が大きいでしょうか？

なんとなく甲さんを選んだ人も少なくないと思います。たしかに、食べる肉の量は常に甲さんのほうが少なく、頻度を減らす割合も、甲さんは50%減で乙さんは29%減なので、甲さんのほうが大きいです。しかし、環境的負荷を減らす効果をみるときに大事なのは、「現在の量」や「変化の割合」ではなく、「変化の量」になります。

ここで、1週間に食べる肉の量が、それぞれどれくらい減るのかをみてみましょう。甲さんは、

350g（＝100g×7／2日）から175g（＝100g×7／4日）まで、175g減らします。乙さんは、700g（＝100g×7日）から500g（＝100g×5日）まで、200g減らします。つまり、減らす量は乙さんのほうが多く、環境負荷を減らす効果も大きいのです。さらに、肉好きの乙さんのほうが、健康志向の甲さんよりも、1回に食べる肉の量が多いとしたら、減らす量の差はさらに広がります。

つまり、肉好きな人ほど、ちょっとした行動の変化が、大きな影響力につながるのです。しかし、この例を出されたとき、甲さんの影響力のほうが大きいと早とちりしてしまうように、自分の影響力を誤認していることも少なくありません。そして、そのような誤認が、肉食を減らす気にならない理由の1つでもあるのです。

「食料生産」にもバイアスはかかる

それでは、「食料生産」においては、「人間らしさ」はどのように影響してくるのでしょうか。

「食べる」では食品の選択がポイントでしたが、「食料生産」では生産手段の選択がポイントになります。たとえば、新たな技術や機械の導入、生産資材の購入、農地の管理などです。そのため、「食べる」のようにその場で即座に選ぶというわけではなく、数か月から数年先の生産計画を立てて、よく考えたうえで様々な選択をします。また、日々の食事と違って、支払う金額も大きく、市場の状況なども考え合わせないと大きな損失につながりかねません。そのため、「食べる」と比べると、「食料生産」の現場では認知バイアスが発生しにくい状況といえます。

だからといって、「食料生産」における選択が完全に理にかなっていて、まったくバイアスがないかというと、そうでもありません。生身の人間である以上、選択する際の情報や知識の量と、それらを処理する能力には、必ず限界があるからです。そのため、従来の経済学が予想する「合理的な選択」と、「実際の選択」との間にギャップが生じるのです。

ここでは、生産手段の選択に影響する「人間らしさ」として、「注意力の限界」、「時間的非整合性」、「自制（セルフ・コントロール）」などに注目しながら、具体的な事例をみていきます。

なぜか良案が採用されない

農家にとって、あきらかに経済的なメリットがあり、採用するコストも安い生産手段があっても、その手段をなかなか採用してもらえない場合があります。

例として、米国の研究チーム[*9]が実施した、インドネシアにおける海藻養殖に関する実験をみてみましょう。インドネシアでは、寒天やカラギーナン（食品添加物などに使われる）の原料となる、キリンサイ（麒麟菜）という海藻の養殖が盛んにおこなわれています。そして、研究対象となった零細漁民の多い貧困地域では、ほとんどの漁民が、ボトムメソッドという、浅い海底に直接杭を打ち、その杭の間にロープを張って海藻を育てる方法を採用していました。

ただ、ボトムメソッドは簡単にできる一方で、食害生物の被害に遭いやすく、生産性が高い方法とはいえません。そして、より生産性の高い方法として、養殖イカダを使う方式があります。しかし、いきなり養殖イカダに切り替えるのは、追加で必要とされる費用や労力から考えて、零細漁民にとって現実的ではないのです。

そこで、この研究チームは、現在使われているボトムメソッドを少し改善するだけで、海藻養殖からの収入が最大30％増やせるということを、漁民らに説明し、実際に収入が増える体験もしてもらいました。この改善策は、簡便で追加費用もなく、現状でも十分に実行可能なものでした。にもかかわらず、この研究の後で、実際に改善策を採用してくれた漁民はほとんどいなかったのです。

もう少し詳しく説明します。ボトムメソッドの生産性が、養殖に使うロープの間の距離、ロープに付ける種苗の間の距離、養殖する場所の波の強さ、によって変わることは、すでに漁民らもわかっていました。一方、研究チームが新たに提案した改善策は、漁民たちが知っているそれらの要因に加えて、ロープに付ける種苗のサイズを工夫するものでした。波の弱い場所では大きな種苗を使い、波の強い場所では小さな種苗を使うというように、場所ごとに最適なサイズの種苗を使うことで生産性が上がり、収入も約30％増やせることを実践して見せたのです。種苗を切ってサイズを調整する手間は増えますが、十分に実践可能な改善策のはずでした。それでも漁民らは、この改善策をほとんど採用しなかったのです。

このような漁民の行動を説明する要因として、「注意力の限界」が考えられます。「注意力の限界」を示す有名な実験に、「Test of Selective Attention（選択的注意テスト）」があります。個人的にお薦めなのは、「Basketball Awareness Test（バスケットボール・アウェアネス・テスト）」という動画です。この動画では、白チームと黒チームがバスケットボールをやっていて、白チームが何回パスをしたかを数えるというテストです。ネットで検索するとすぐに見つかるので、まだ見たことがないという人は、この先を読み進める前にぜひ1度、動画を見てください。

動画を見てもらえたと信じて、話を進めます。

じつは、この動画のポイントは、パスの回数ではなく、クマなのです。「言っている意味がよくわからない……」という人は、もう1度動画を見直してください。バスケットボールをする人々の間を縫って、クマがムーンウォークをしながら画面を横切っています。初見でクマに気づく人は、ほとんどいません。なぜなら、パスの回数を数えるのに集中していて、他の事に注意が向いていないからです。これが、「注意力の限界」になります。

現実世界は、この動画よりももっと複雑で、「もう1度見直す」こともできません。そのため、「自分がクマに気づいていない」という事実にすら気づかない人も少なくありません。そして、そのような人に「クマがいた」と言っても、信じてもらえないのです。

インドネシアの海藻養殖の事例でいうと、パスの回数が「ロープの距離や種苗の距離」で、クマが「種苗サイズ」になります。実際、ほぼ100%の漁民が「ロープの距離や種苗の距離」に関する質問に正確に答えられた一方で、「種苗サイズ」に関する質問に答えられた漁民は約16%しかいませんでした。つまり、「ロープの距離や種苗の距離」に集中していて、「種苗サイズ」には注意が向いていないのです。そして、どんなに体験しても、注意が向いていないものは「見えていない」ため、体験から学習することもなく、改善策も採用してもらえないのです。

日本でも、新しい技術を導入しても使ってもらえないという問題はあります。たとえば、新しい農薬の必要性をどんなに説明しても、なかなか従来の農薬から切り替えてくれないという問題です。病害虫というのは、古い農薬に対して耐性ができる場合があり、従来の農薬では全然効かなくなるのです。そのような場合には作用系の異なる新しい農薬が必要になります。

この問題の難しいところは、その農家近辺だけの問題ではないということです。つまり、その農家や町が、害虫に耐性がつかないように気を付けて農薬を管理していても、町の外や海外から病害虫がやってくるため、町内や国内だけの対策では限界があるということです。

たとえば、ハスモンヨトウ、ウンカ、カメムシといった害虫は、東南アジアや中国から海を越えて、日本までやってきます。そして、それら害虫に対して海外では農薬を使いまくっている農家も多く、従来の農薬なら5倍かけてもピンピンしているような、スーパー耐性を持った害虫たちが海を渡ってくるのです。そのため、国内の従来の農薬ではまったく効かず、大ダメージを受けることになります。

ここでも、問題は「注意力の限界」にあります。つまり、新しい農薬に切り替えてくれない農家は、日本の外で起こっている出来事にまで注意が向いていないのです。

「注意力の限界」の影響は、新しい技術を導入する場合に、特に大きくなります。なぜなら、技術の「新しさ」は、「これまで誰も気づかなかった部分」、つまり「注意が向いていない部分」にあることが多いからです。そして、たとえメリットに関する知識があっても、その「新しさ」に注意が向かない以上、そのメリットも理解してもらえず、採用もしてもらえないというわけです。これは、気候変動に対応するための生産技術が、なかなか採用してもらえない要因の1つでもあります。

肥料を使わない理不尽[10]

さて、話は変わって、アフリカでの肥料利用に関する事例をみてみましょう。サブサハラ・アフリカでは、食料生産性の低い農家に限って、肥料をほとんど使ってくれないという問題があります。

なぜ、肥料を使ってくれないのでしょう。肥料が手に入らなかったり、値段が高すぎたりするのでしょうか？　肥料の効果がないので使わないのでしょうか？　もしくは、肥料の効果について知らないのでしょうか？　これらの理由が当てはまる場合もあります。しかし、これだけでは十分に説明できない場合も多くみられるのです。

たとえば、ケニアにおけるいくつかの研究から、肥料が容易に手に入り、安価で、実際に効果的で、農家も効果的だと理解しているのに、それでも農家は肥料を使わない場合があることがわかっています。

肥料は十分な量が市場に出回っており、農村の近くの市場でも手に入ります。また、耕地面積が小さい農家には、小分けにして肥料を売ってくれるため、袋買いする必要がなく、必要な量だけを安く購入することもできます。さらに、ケニア西部の小麦農家を対象としたフィールド実験では、肥料の使用量を増やすことで、農業所得が36％増えることをあきらかにしています。そして、肥料を使っていない農家でも、肥料の使用量を増やすことで収量や所得を増やせることは理解しているのです。

実際、肥料に関する意識調査では、調査に参加した小麦農家の97％が来シーズンには肥料を使いたいと答えました。ところが、翌シーズンに実際に肥料を使った農家は37％しかいませんでした。もちろん、このような意識調査は、回答者が調査側の望む答えに合わせて本心を答えていない可能性があるため、注意して解釈する必要があります。ただ、「人間らしさ」を考慮に入れると、十分ありうる話でもあるのです。

このような農家の矛盾した行動を説明できる「人間らしさ」の1つに、「時間的非整合性」があります。人は、未来の計画だとより合理的で忍耐強い選択ができるのですが、実際に当日になると計画通りに実行できずに怠けてしまう傾向があるのです。

つまり、ケニアの農家も、近くの市場まで行って肥料を購入するのが面倒なため、購入を先延ばしにしているうちに、肥料の準備ができないまま種まきの時期を迎えている可能性があるのです。

もう1つの可能性は、「セルフ・コントロールの欠如」です。たとえば、マラウイ共和国における研究[*11]では、農家の「お金のある時期」と「肥料が必要な時期」との間には数か月間の時差があり、農家は計画的な貯蓄をしないため、結局ほとんどの農家で肥料が使われないことをあきらかにしました。

どういうことかというと、農家の家計が最も潤っているのは作物を収穫した直後です。しかし、収穫直後は、最も肥料を必要としない時期でもあります。そのため、お金はあるのですが、すぐに肥料を買う理由もないのです。肥料が必要になるのは、数か月後の種まき期になります。そして、セルフ・コントロールが欠如していると、種まき期に必要な肥料を買うために貯金するわけでもなく、無計画に他のことにお金を使ってしまい、いざ肥料が必要な時期になると、肥料を買うだけのお金が残っていないというわけです。

まだある厄介な人間らしさ

最後に、「食料生産」における、窒素肥料の与え過ぎと、不十分な雑草の除去、の問題について、「人間らしさ」との関係をみていきます。

まず、サブサハラ・アフリカの小麦農家とは対照的に、インドや中国の米農家では窒素肥料の与え過ぎが問題になっています。農作物を効率よく育てるためには、窒素、リン酸、カリウムといった肥料をバランスよく与える必要があります。また、そのバランスは作物によって異なります。そして、稲作の場合、窒素肥料だけを過剰に与えることは、むしろ逆効果で、収量が減る可能性があるのです。

それでは、なぜ窒素肥料を与え過ぎてしまうのでしょうか？　それは、農家が「緑葉が成長→植物が健康→収量が上がる」と思い込んでいるからです。窒素肥料は葉っぱの成長を促進してくれるため、収量を上げるつもりで、窒素肥料をどんどん投入するわけです。このような関係は、ホウレンソウなどの葉物野菜には当てはまります。

しかし、稲作の場合、食べる部分は葉ではなく、籾（種子）です。そして、植物は、自分（葉）が育つための栄養（窒素）がありすぎると、子孫（種子）を残そうとしなくなる傾向があります。そのため、稲の葉を成長させるために窒素肥料を与え過ぎてしまうと、籾の量が減り、結果として米の収量が減ってしまうのです。

次に、生産性を上げるために地味に重要なのが、雑草の除去、つまり草取りです。そして、途上国では、草取りの回数を増やすだけで大幅に収量を上げられる可能性があります。たとえば、インドにおける研究[*12]によると、草取りを現在の年1回から年2回に増やすだけで、小麦の収量を23％増加させ、ヒヨコ豆の収量を49％増加させられる可能性があります。しかし、農家にそう伝えても、実際には草取りの回数は増やしてくれないのです。

なぜ農家は、草取りの回数を増やさないのでしょうか？　ここでも、「時間的非整合性」と「セルフ・コントロールの欠如」が問題になってきます。特に草取りのように、退屈で、手間と時間がかかり、先延ばしにしても致命的な影響がない作業は、これらのバイアスの影響を受けやすくなります。つまり、たとえ草取りの重要性を理解して、年2回は草取りをしようと計画しても、当日になるとつい後回しにしてしまうのです。そして結局、これまで通り年1回しか草取りをしないのです。

以上、8章では「食べる」と「食料生産」における「人間らしさ」の影響についてみてきました。自然条件や市場の役割に加えて、「人間らしさ」の影響を把握することは、「食」にまつわる社会問題を改善・解決するための政策や制度をデザインするうえで、きわめて重要になってきます。第三部では、これらの点について詳しくみていくことになります。

＊1　Hoffmann et al.（2014）を参照。
＊2　Chakrabarti, et al.（2018）を参照。
＊3　この節の議論は、Datt & Mullainathan（2014）に基づく。
＊4　「金額効果」の議論は、Thaler（1981）に基づく。
＊5　「時間的非整合性」の議論は、Loewenstein & Prelec（1992）に基づく。
＊6　Sadoff et al.（2020）を参照。
＊7　Messer et al.（2011）を参照。
＊8　Shimokawa et al.（2021a）を参照。
＊9　Hannna et al.（2012）を参照。
＊10　この節の議論は、Duflo et al.（2011）、Duflo et al.（2008）に基づく。
＊11　Brune et al.（2011）を参照。
＊12　Banik et al.（2006）を参照。

第三部

未来に向けた挑戦

「食べる」を今より良くするための試行錯誤

第三部では、ここまで紹介してきた『食べる』にまつわる社会問題」を少しでも改善するための試みについてみていきます。

まず強調しておきたいことは、これらの問題を一気に解決できるような都合のいい方法はないということです。特に、第二部では、現在においてもいまだに根強く残っている社会問題を取り上げているため、「こうすれば必ずうまくいく」というようなシンプルな解決策はありません。だからといって、何もしなくていいわけではないので、問題の解決に向けて様々な試行錯誤が重ねられているのです。

これから、そのような試行錯誤について、3つのグループに整理しながらみていきます。第二部で、「『食べる』にまつわる社会問題」を3つのグループ（自然の摂理、食料市場の限界、人間らしさ）に分けたのを覚えているでしょうか。第三部でも同じグループ分けを使うことにします。

9章では「自然の摂理」、10章では「食料市場の限界」、11章では「人間らしさ」に起因する問題に注目して、それらを改善するための取り組みについてみていきましょう。

9章

自然の摂理に立ち向かう

4章でみたように、自然の摂理による「食料生産」と「食べる」への影響は避けることができません。そのため、影響そのものをゼロにしようとするのではなく、避けられない影響をできるだけ小さくするための対策が重要になってきます。そのような対策には、少なくとも2つの側面があります。

①影響を小さくするための社会的仕組みをつくる

②影響を小さくするための技術を開発する

すべての対策で両方が必要とされるのですが、どちらに重点を置くかは対策ごとに異なります。この章では、社会的仕組みに重点を置いた対策として「産地リレー」、技術に重点を置いた対策として「遺伝子工学」「植物性代替肉」および「培養肉」、そして、両方に同程度の重点を置いた対策として「昆虫食」についてみていきます。

長期保存と産地リレー

最近、スーパーマーケットで、リンゴやキャベツを見かけることはあったでしょうか。よく覚えていないという人は、帰り道にでもスーパーに立ち寄ってみてください。そしてそのとき、ついでに産地もチェックしてみてください。いま、どの季節にこの本を読んでいるかわかりませんが、どの季節であっても、ほぼ確実に国産のリンゴやキャベツを見つけることができると思います。他にも、米、ジャガイモ、タマネギ、ニンジン、レタスなど、1年を通して国産品が手に入る農産物は少なくありません。

ただ、思い出してください。農作物というのは本来は季節もので、いつでも収穫できるわけではありません。それなのに、なぜ、1年中手に入るのでしょうか。特に、年1回しか収穫できないような、栽培期間の長い作物の場合はなおさらです。

その答え、つまり国産の農作物を1年通して供給する方法は、大きく分けて2つあります。

まず1つ目は、長期保存です。米、ジャガイモ、リンゴなど長期保存できる作物は、収穫したものを長期貯蔵して、時機を見計らって少しずつ市場に流通させているのです。リンゴの収穫時期は8月から12月くらいなのですが、リンゴの「ふじ」などは常にスーパーで見かけるでしょう。というのも、「ふじ」は長期保存に向いている品種だからです。

それでは、長期保存に向いていない作物はどうでしょうか？　キャベツやレタスなどの葉物野菜は長期保存できそうにないのに、ほぼ年中、スーパーで見かけると思います。

これは、2つ目の理由、収穫時期の異なる産地の間で「産地リレー」をやっているからです。キャベツの場合、愛知県と群馬県が全国有数の生産地ですが、愛知県がキャベツを生産しているのは主に12月から4月にかけてです。その後、4月から6月にかけては千葉県や神奈川県、7月から10月にかけては群馬県、11月はまた千葉県、そして12月に愛知県に戻る、というように旬の産地をリレーしているのです。

レタスの場合でも、夏は長野県や岩手県、秋は茨城県や香川県、そして冬は静岡県でのハウス栽培、というように主な産地がリレーしています。

また、長期保存できる作物でも、産地リレーをやっている場合があります。たとえば、ジャガイモは1年のほとんどの時期に北海道産が流通しているのですが、北海道産が比較的品薄になる4月から6月にかけては、長崎県産と鹿児島県産の流通量が増えます。

もちろん、長期保存にも産地リレーにも向いていない作物も少なくありません。たとえば、みかん、イチゴ、スイカなど、比較的身近な作物でも、旬の時季以外はほとんど手に入らないものがあります。どうしても日本で収穫できない時期には、海外から輸入することも一つの選択肢になります。

このように、長期保存や産地リレーといった社会的な仕組みを整えることによって、食料生産における栽培期間が「食べる」側に与える影響をかなり抑えることができるのです。同時に、このような仕組みは、長期貯蔵や物流を支える技術の発展があってこそ可能になっていることも忘れてはいけません。

また、これらの仕組みがうまく機能するためには、安定して十分な食料を生産できることが大前提になります。

ゲノム編集の可能性

安定した「食料生産」の妨げになり、かつ避けられない問題がいくつかあります。それは、異常気象、病害虫、気候変動などの影響です。それらの影響をできるだけ小さく抑えるためには、新たな生産技術の開発、灌漑設備や公共インフラの整備などが重要になってきます。

ここでは、その中でも、「遺伝子工学を活用した品種改良」に注目します。というのも、近年最も物議を醸している技術の一つであり、感情的な議論も散見されるからです。

まず、品種改良自体は、作物の生産性（収穫量、病害虫への強さなど）や品質（おいしさ、栄養価など）を改善するために、古くから使われてきた方法です。従来の品種改良では、自然発生した突然変異種を活用したり、通常は受粉しないような品種同士を人為的に受粉させたりして、目的の形質を得てきました。そして、私たちが普段食べている作物のほぼすべてが、なにかしらの品種改良をされてできた作物になります。コシヒカリ、ふじリンゴ、ミニトマト、夕張メロン、シャインマスカットなどの身近な食べ物も、すべてそうです。

それでは、なぜこうした従来の品種改良ではなく、遺伝子工学を活用した品種改良をする必要があるのでしょうか？

それは、遺伝子工学を活用することで、新たな品種を開発する時間とコストを大幅に減らすことができるからです。待ったなしで迫り来る人口増加や気候変動に対応していくためには、従来の研究開発のスピードでは全然間に合わないのです。

そして、近年、特に注目されているのが「ゲノム編集」という技術です。２０１２年に、「CRISPR/Cas9（クリスパー・キャスナイン）」という、簡便でありながら高い精度でゲノムを変更・編集できる手法が開発されたことで、瞬く間に利用が広がっています。ちなみに、CRISPR/Cas9を開発した研究者2人（エマニュエル・シャルパンティエとジェニファー・ダウドナ）は、２０２０年にノーベル化学賞を受賞しています。

ただ、遺伝子工学による品種改良と聞くと、真っ先に「遺伝子組換え作物（GMO）」を思い浮かべる人も多いのではないでしょうか。そこで強調しておきたいのが、「ゲノム編集」と「遺伝子組換え」とは、かなり違う技術だということです。主な違いを、次ページの表5にまとめています。

まず、「遺伝子組換え」は、その作物とは違う生物の遺伝子（外来遺伝子）を加えることで目的の形質を得る技術です。たとえば、昆虫病原菌の一種であるバチルスチューリンゲンシス（略してBt）の遺伝子をトウモロコシの遺伝子に加えて開発した、害虫に強い「Btトウモロコシ」が有名です。どういう仕組みかというと、蛾（特にメイガ）の幼虫などがBtトウモロコシを食べると、昆虫病原菌が持つBtタンパク質の働きによって死んでしまうのです。一方で、人間や家畜にとってはBtタンパク質を胃酸で分解できるため、無害だという理屈です。そうは言っても、昆虫病原菌の遺伝子が含まれていると聞くと、できれば食べたくないと感じる人がいるのも、気持ちとしては理解できます。

一方、「ゲノム編集」は、その作物がすでに持っている遺伝子を一部変異させることで目的の形質を得る技術になります。他の生物の遺伝子を加えるわけではなく、その作物が元から持っている遺伝子を突然変異させるのです。たとえば、「ゲノム編集」を活用して、干ばつに強いトウモロコシ、除草剤や塩害に強い米、健康に良いオレイン酸を多く含む大豆やアブラナなどを開発できます。

従来の方法では、目的の形質を持つ個体を探し出す工程が多分に偶然まかせで、実際に育ててみないと変異したかどうかも確認できなかった

表５：「ゲノム編集」と「遺伝子組換え」でできる作物の違い

	ゲノム編集でできる作物	遺伝子組換えでできる作物
方法	その作物自身の遺伝子の一部分だけ変える	他の生物の遺伝子を利用できる
従来の品種改良と比べて	科学的には従来の品種改良でできるものと同等	従来の品種改良ではできないものも作れる
食べる時点で外来遺伝子は	残っていない	残っている

出所：バイオステーション（https://bio-sta.jp/faq/）の表を著者が編集。

ため、新しい品種の開発にはかなりの時間とコストがかかっていました。それに比べて、ゲノム編集による品種改良は、短時間で確実に品種改良を進めることができ、従来の品種改良でできたものと科学的には同等の作物ができるのです。

ちなみに、世界で初めて実用化されたゲノム編集農産物は、米国の高オレイン酸大豆になります。オレイン酸は健康に良いとされており、この大豆から作られた高オレイン酸オイルが、２０１９年から米国の市場に流通し始めています。

現時点で実用化されているのは高オレイン酸大豆だけですが、他にも様々なゲノム編集農産物の開発が進んでいます。米国では、工業原料用としてもち性のでんぷんを多く含むトウモロコシが開発され、２０２０年には農家での栽培が開始されています。他にも、褐色になりにくいマッシュルーム、病気に強くて食物繊維を多く含む小麦なども開発されています。

また日本でも、ゲノム編集農産物として、血圧を抑える効果があるガンマ・アミノ酪酸（ＧＡＢＡ）を多く含むトマト、芽に含まれる天然毒素を大幅に減らしたジャガイモ、病害虫や干ばつに強く収量を増やしたイネ、食べられる筋肉部分を増やした真鯛、激しく泳ぎ回らなくて養殖しやすいマグロなどの研究開発が進められています。

技術的な違いに加えて、「遺伝子組換え」と「ゲノム編集」では、法的な規制も異なります。遺伝子組換え作物は、食べる時点で外来遺伝子が残っており、自然界では起こりえない変異によってできたものなので、社会的な反感も依然として強く、多くの国で生産や流通が規制されています。日本でも、生物多様性を守るためのカルタヘナ法、食品安全基本法、食品衛生法、飼料安全法などによって厳しく規制されています。

一方、ゲノム編集農産物は、食べる時点で外来遺伝子が残っておらず、自然界でも起こりうる変異によってできたものなので、その安全性は、従来の品種改良でできた作物と同等と考えられています。そのため日本では、食品衛生法による規制の対象には含まれず、遺伝子組換え作物に課されているような安全性審査も不要とされています。また、一定の条件を満たせば（細胞外で加工された核酸が残っていないという条件）、カルタヘナ法の対象にも含まれないのです。

「ゲノム編集」による品種改良は、これから紹介する取り組みの中でも重要な役割を担っており、地球環境や人間社会の急激な変化に対応していくためには不可欠な技術になってきています。そのため、「遺伝子組換え」との違いをよく理解したうえで、「ゲノム編集」の社会的な価値について冷静に評価していく必要があるのです。

植物や細胞から肉を作る

気候変動以外で、世界全体への影響が大きくかつ避けられない問題が、世界的な肉の消費量の増加と、それに伴う温室効果ガス（ＧＨＧ）排出量や環境汚染の増加です。この問題への対策として、人々が食べる肉の量を減らすことが最も理想的な対策であることは間違いありません。しかし、今後数十年で、世界中の人々の行動を急激に変化させることは、現実的にはほぼ不可能なのです。

それならば、もっと環境負荷の低い方法で、肉（のようなもの）を作ればいいというわけで、それを実現するための技術に関心が集まっています。つまり、「食肉の生産は環境負荷が大きい」という自然の摂理に挑戦する技術になります。そのような技術として、植物から肉を作る「植物性代替肉」と、細胞から肉を作る「培養肉」、が注目されています。これらの技術の開発には、大富豪のビル・ゲイツやリチャード・ブランソンなども積極的に投資しています。

植物性代替肉はすでに商品化されており、その市場は急速に拡大しています。米国のデータサイエンス会社であるＳＰＩＮＳの小売りデータによると、米国における植物性代替肉の市場規模は、２０１８年の約８億ドルから２０２０年の約14億ドルに急拡大しています。２０２０年には、食肉市場全体の１・４％を占めています。

有名な商品としては、植物由来の牛肉パティである、インポッシブル・フーズ社の「インポッシブル・バーガー２・０」や、ビヨンド・ミート社の「ビヨンド・バーガー」などがあります。他にも、モーニング・スター・ファームズ社の植物由来の豚肉ソーセージと鶏肉パティや、イート・ジャスト社の植物由来の卵なども広く市場に流通しています。

それでは、肝心な点として、従来の食肉を植物性代替肉に置き換えることで、どれほど環境負荷を減らせるのでしょうか？

グッド・フード・インスティチュート（The Good Food Institute／ＧＦＩ）という、植物性代替肉や培養肉を促進している国際ＮＰＯによると、前述した「インポッシブル・バーガー2・0」は、従来の牛肉を使ったハンバーガーよりも、必要な土地の量が96％減、ＧＨＧ排出量が89％減、必要な水の量が87％減になると推計しています。[*1]

余談になりますが、大豆から代替肉を作るときの課題の1つは、大豆の「におい」でした。大豆独特のにおいが、肉っぽい味やにおいに加工するうえで邪魔だったのです。そのため、「ゲノム編集」による品種改良によって、代替肉に最適なにおいの少ない大豆を開発したのです。

また、植物由来の代替肉は、現段階ではパティのようなミンチ状の肉だけで、ステーキのような塊肉を作ることは難しいようです。そこで、次に話す培養肉のような技術も必要となってきます。

培養肉とは、動物の体外で、細胞に直接栄養を与えて育てる肉のことです。従来のように家畜を育てると、食べられない部分（骨や内臓など）やその他の生命活動にも栄養が使われてしまいます。それに比べて培養肉は、栄養がすべて肉の成長にのみ使われるため、無駄がなく効率がいいのです。たとえば、通常なら鶏肉の生産には6～7週かかるところを、培養肉なら6日で同じ量を作ることが可能になるといわれています。

また、密閉容器の中で培養されるため、病気にかかったり汚染されたりすることもなく、病気を予防するための抗生物質も一切使う必要がなくなります。つまり、薬剤に頼らない有機畜産物と同等の安全性を実現することができるのです。

ただ、実際にはコスト面などでの課題が多く残っており、培養肉の実用化はまだ始まったばかりです。そんな中、2020年12月に、世界で初めて、シンガポール政府が培養肉の販売を承認しました。米国のイート・ジャスト社が開発した培養鶏肉から作った培養チキンナゲットが、レストランなどで提供されています。

他にも、米国のアップサイド・フーズ社（旧メンフィス・ミーツ社）や、イスラエルのフューチャー・ミート・テクノロジーズ社といった企業が有名です。変わり種では、シンガポールのショーク・ミーツ社が、エビなどの甲殻類の培養肉の生産に取り組んでいます。

それでは、従来の食肉を培養肉に置き換えることで、どれほど環境負荷を減らせるのでしょうか？

オランダの環境コンサルタント会社であるCE Delftの報告書[*2]では、培養肉の生産に再生可能エネルギーを使うという条件付きで、培養鶏肉の生産は、従来の鶏肉生産よりもGHG排出量を17%減らし、必要とする土地面積を63%減らせると推計しています。同様に、培養豚肉と培養牛肉の生産によって、従来の豚肉と牛肉の生産に比べて、それぞれ、GHG排出量を52%と92%減らし、必要とする土地面積を72%と95%減らせると推計しています。

これらの数値より、もしすべての食肉を培養肉に置き換えられたら、食料生産に必要な農地面積が、現在の約40億ヘクタールから約10億ヘクタールにまで減らすことができ、食料や飼料を増産するために農地を拡大して森林を伐採する必要もなくなります。さらに、集約的な畜産飼育における抗生物質の乱用、鳥インフルエンザなどの感染症による大量の殺処分という問題も解消されるのです。

ただ、これほど極端な変化を期待するのは現実的ではありません。それでも、２０５０年までに倍増すると予測されている肉の消費量のうち、増加分だけでも植物性代替肉や培養肉に置き換えることができれば、肉食に起因する自然環境への負荷を大幅に軽減できる可能性があるのです。

昆虫食という選択肢

さて話は変わって、最近、ニュースや雑誌などで、昆虫食の話題をみかける機会が増えていないでしょうか？　もちろん、バラエティー番組などの罰ゲームは除いての話です。

これは、ＳＤＧｓへの関心が高まるなか、急増する世界人口を養うための未来食、もしくは肉に代わる環境にやさしいタンパク質源として、昆虫食が世界的に注目されているからです。

「虫を食べるなんて……」と、最初から拒絶する人も多いと思いますが、もう少し話を聞いてください。まず、前もって強調しておきたいことが2つあります。

第1に、人が昆虫を食べるとしても、昆虫の原形のまま食べる必要はないということ。第2に、必ずしも人が昆虫を食べる必要はないということです。

どういうことか、順を追ってみていきましょう。

人が昆虫を食べること自体は、歴史的にみて、特に目新しいことではありません。日本でも、長野県や岐阜県などの一部の地域で、蜂の子、イナゴ、ザザムシなどが食べられています。アジア地域でいうと、タイ、ラオス、カンボジアなどが、日常的に昆虫を食べる国として有名です。これらの国に旅行をしたことがある人は、道端の屋台などで当たり前のように昆虫料理が売られているのを見かけたのではないでしょうか。

世界の昆虫食について調べた研究[*3]によると、現在でも、世界の約140カ国で、約2100種類の昆虫が食用として食べられています。最もよく食べられている種類はカブトムシなどの甲虫で、650種類以上の甲虫が食べられています。次に、芋虫（チョウやガの幼虫）、アリ類（蜂なども含む）、バッタ類（コオロギなども含む）、セミ類（カメムシなども含む）などもよく食べられているようです。また、世界で食べられている昆虫の92％は野生の昆虫を採取したもので、6％が半家畜化されたもの、2％が養殖されたものになります。

それでは、最近の動向として何が新しいのかというと、「食用昆虫の養殖」と「昆虫の家畜の飼料としての利用」が広がり始めている点です。というのも、食用昆虫の生産には以下のような3つのメリットがあるためです。

①養殖しやすい
②生産による環境負荷が小さい
③タンパク質などの栄養価が高い

1点目として、昆虫の繁殖力の強さ、飼料効率の良さ、および成長の速さは、養殖するうえでとても魅力的な性質になります。たとえば、稲作だと通常は年1回、多くても年2回しか収穫できませんが、コオロギの養殖なら、卵から成虫まで約45日間で育てられるため、年8回出荷することも不可能ではありません。また、昆虫の養殖は、畳1畳のスペースがあれば、初期投資1万円程度から始められます。そのため、農地を持たない小作人や都市部の住人でも、副業的に始められるというメリットがあるのです。

2点目として、食用昆虫の生産は、自然環境への負荷が小さいというメリットがあります。表6では、従来の食肉生産と、ミールワームという食用昆虫の生産とで、生体1kgもしくはタンパク質1kgの生産が自然環境に与える影響を比べています。ちなみに、生体100g当たりのタンパク質の含有量は、部位によるのですが、おおよそ牛15g、豚18g、鶏20g、ミールワーム70gくらいになります。

表6にある「飼料要求率」とは、生体1kgを増やすために何kgの飼料が必要かを表していま

す。また、「地球温暖化係数」とは、二酸化炭素（CO_2）を基準にして、タンパク質1kgを生産するために排出されるGHGに、どれだけ温暖化する能力があるかを表した数値になります。たとえば、タンパク質1kgを含む牛肉を生産するために排出されるGHGは、1kgのCO_2を大気に放出する場合と比べて、88倍の温暖化する能力があるということになります。そして、これらの数値が低いほど、生産による環境負荷が小さいというわけです。

表6の最後の列では、可食部（食べられる部分）の割合を比べています。ここでは逆に、可食部の割合が大きいほど、生産による環境負荷は小さくなります。同じ量の食料を作るために必要とする資源の量が少なくて済み、発生する食品廃棄物の量も少なくなるからです。

たとえば、牛に25kgの飼料を与えて体重を1kg増やしても、食べられる部分は400gしか増えません。一方、昆虫なら、約2kgの飼料を与えて総重量を1kg増やせば、食べられる部分は800g増えるということです。

表6から、牛肉の生産による環境負荷が際立って大きいことがわかります。それに比べて、昆虫の生産による環境負荷は、牛肉の5分の

表6：飼料要求率、必要な水の量、地球温暖化係数、必要な土地面積、可食部の比較

	飼料要求率	タンパク質1kgの生産に必要な水の量	タンパク質1kg当たりの地球温暖化係数（CO_2換算）	タンパク質1kgの生産に必要な土地面積	可食部
牛	25kg	112千リットル	88	201m^2	40%
豚	9.1kg	57千リットル	27	55m^2	55%
鶏	4.5kg	34千リットル	19	47m^2	55%
昆虫	2.1kg	23千リットル	14	18m^2	80%

出所：FAO（2021）のデータを元に著者が編集。　注：表にある昆虫はミールワーム。

荷は大幅に小さいといえます。そして、これらの数値から、昆虫食には、植物性代替肉や培養肉とほぼ同等の環境負荷を減らす効果があることがわかるのです。

また、コオロギなどの雑食性の昆虫は何でも食べるので、食品製造工場や飲食店で廃棄される食品を飼料として利用することで、食品ロスの削減にも貢献できるのです。

3点目として、食用昆虫は、栄養面でも優れているというメリットがあります。236種類の食用昆虫の栄養成分を調べた研究[*4]によると、食用昆虫には、タンパク質をはじめ、食物繊維、健康に良い脂肪酸、そして鉄や亜鉛といった微量栄養素が豊富に含まれているということです。たとえば、コオロギ100gに含まれるタンパク質、鉄、亜鉛の量は、食品全体でみてもトップクラスの含有量になります。また、コオロギに含まれるタンパク質は、他の昆虫に比べて、より高品質で消化・吸収されやすいといわれています。[*5] さらに最近では、前述した「ゲノム編集」の技術を使うことで、より機能性の高い食用昆虫の研究開発が進められています。

ただ、ここまで聞いても、「やっぱり虫は食べたくないなぁ」と、私でも思います。コオロギなどを原形のまま食べることは、たとえ栄養豊富でおいしかったとしても、できれば避けたいところです。ただ、少し考えてみると当たり前なのですが、昆虫を食べるといっても、原形のまま食べる必要はまったくないのです。

たとえば、粉末状にして、他の食品に混ぜる方法があります。大事なのは栄養素なので、粉末状にしてもなんら問題ありません。日本では、無印良品から販売されている「コオロギせんべい」が有名でしょう。見た目からは、コオロギが使われていることはまったくわかりません。これだと、私でも食べられましたし、多くの人にとっても昆虫食のハードルがかなり下がるのではないでしょうか。

さらに、昆虫は食用だけでなく、家畜の飼料用としても注目され始めています。つまり、人が直接食べるのは食肉のままで、代わりに家畜に昆虫を食べさせるということです。飼料用の大豆を昆虫に置き換えることで、大豆を育てるために必要な農地や水を節約でき、食肉の生産による環境負荷を大幅に減らすことができるのです。ここまでくると、人が昆虫を食べるわけではないので、それほど拒絶反応も出ないのではないでしょうか。

このような取り組みは、地理的に国土が大豆などの生産に向いておらず、大量の飼料を輸入している国にとって、特に魅力的な選択肢になります。そのような国には、日本やアフリカ諸国などが含まれます。実際、アフリカでは、従来の大豆や魚粉を使った家畜の飼料よりも、自国産の昆虫を使った飼料のほうが安く生産できるため、昆虫飼料の生産が拡大し始めています。

たとえば、ケニアにある国際昆虫生理生態学センター（The International Centre of Insect Physiology and Ecology／ICIPE）という国際研究機関は、アフリカにおける貧困問題と食料不足問題の改善に向けて、食用昆虫の研究開発を進めています。そして、ICIPEの研究から、アメリカミズアブの幼虫は、魚粉や他の昆虫よりも、タンパク質の含有率が高いことがわかっています。

そのため、アフリカの複数の企業は、食品廃棄物をエサにしてアメリカミズアブを育て、そのミズアブを原料にして家畜（主に鶏）の飼料を生産するという取り組みを始めています。食品ロスを減らせて、家畜の飼料も安くなり、環境にもやさしいという、良いとこどりの取り組みです。

大手の企業としては、ケニアのサナジー社（Sanergy）、インセクティプロ社（Insectipro）、エコデュデュ社（Ecodudu）などが有名です。3社合わせて年間約50億トン以上の昆虫飼料を生産する能力があるといわれています。他にも、ウガンダのプロティーン社（ProTeen）やタンザニアのバイオブー社（Biobuu）といった企業もあります。ＩＣＩＰＥは、さらに、コオロギの粉末を混ぜた幼児向けのお粥や、バッタ類からキトサン（食物繊維の一種）や機能性オイルを作るプロジェクトも進めています。

また、ケニアのバグ・ピクチャー社（The Bug Picture）は、昆虫食ではないのですが、昆虫に関わる面白い取り組みをしているので、紹介しておきます。

まず、２０２０年に、アフリカ東部で大量発生した何千億匹というバッタが、インドやパキスタンにまで移動し、通過した地域の農業生産に壊滅的な被害を与えた災害をご存じでしょうか？このような災害は、バッタによる災害という意味で「蝗害《こうがい》」と呼ばれています。当時は、日本のニュースでも大きく取り上げられました。

バグ・ピクチャー社は、そのような「蝗害」の原因になるバッタを捕まえて、有機肥料に変える取り組みをやっています。２０２１年に始まったばかりの取り組みですが、この企業は、農民らに、「バッタを捕まえてきたら、１kg当たり50ケニア・シリング（約50円）で買い取る」と持ち掛けたのです。すると、18日間で１・３トンのバッタが集まり、それらバッタを有機肥料に変えて、食料生産に還元したというわけです。「蝗害」に苦しむ国ならではの取り組みだといえます。

最後に、昆虫食の今後の課題について触れておきます。まず第1に、社会に受け入れてもらえないのではないかという懸念があります。「食べる」側は、前述したような、虫を見えにくくする方法があるため、まだなんとかなるかもしれません。しかし、「食料生産」側はそうはいかず、うごめく大量の虫を相手にすることは避けられません。

そのため、たとえば、「コオロギせんべい」を開発した研究チームも、生産規模を拡大しようとしたときに、日本国内で食用コオロギを生産してくれる人が見つからないことがボトルネックの一つになっています。代替案として、東南アジアなどで食用コオロギを生産・加工して、日本に輸入することも検討しているようです。

もう1つの重要な懸念は、安全性の問題です。野生の昆虫に比べると、養殖された昆虫のほうが、はるかに安全だといえます。それでも、畜産の場合と同様に、虫の病気や、抗生物質・化学療法剤の残留などが問題になる可能性があります。加えて、日本を含めた多くの国で、食用昆虫の生産や流通に関する法的および社会的な仕組みが十分に整備されておらず、これから食用昆虫の市場を拡大していくにあたって、新たな問題（規制など）が出てくる可能性は高く、ビジネスを拡大する上での懸念材料になっています。

＊1　GFI（2021）を参照。

＊2　CE Delft（2021）を参照。

＊3　Jongema（2017）を参照。

＊4　Rumpold & Schluter（2013）を参照。

＊5　Inje et al.（2018）を参照。

10章

食料市場の限界をふまえて

世の中には、5章や6章でみてきたように、食料市場に任せているだけでは解決できない問題があります。つまり、食料市場という仕組みには限界があるということです。

この章では、そのような限界を補うための試行錯誤についてみていきます。ここでいう試行錯誤とは、意図的に「食べる」側や「食料生産」側に、市場を通して働きかけることで、より望ましい選択をしてもらうようにする取り組みのことです。

まず、「食べる」側の選択に働きかける手段として、食料価格、食品アクセス、食品ラベルを通した取り組みに注目します。「食べる」側に働きかけるタイミングは、食品を「買う時」（選ぶ時）と「食べる時」がありますが、市場を通した働きかけは主に「買う時」になります。「食べる」側の選択が重要になる問題として、たとえば、栄養不足や肥満といった栄養問題や、肉食と環境の問題などがあります。

次に、「食料生産」側の選択に働きかける手段として、排出権取引制度と、食料市場のデジタル変革（DX）についてみていきます。「食料生産」側に働きかけるタイミングは、主に生産手段を選択するときになります。「食料生産」側の選択が重要になる問題として、たとえば、食料生産による環境負荷、食の安全性、食品偽装、食品ロスの問題などがあります。

それではさっそく、「食べる」側への働きかけから順番にみていきましょう。

決め手は相対価格

「食べる」側の選択に働きかける手段として、古くから用いられているのが、食料価格政策です。たとえば、特定の食品に税を課して値上げすることで食べる量を減らそうとしたり、逆に、補助金を出して値下げすることで食べる量を増やそうとしたりするわけです。そして、食料価格政策が効果を発揮するための決め手となるのが「相対価格」です。

たとえば、6章で、先進国は肉を食べ過ぎている一方で、アフリカでは肉を食べる量がかなり少ないという話をしました。それでは、なぜアフリカでは肉を食べる量が少ないのでしょうか？ シンプルに、「貧しくて、肉を買えないから」と考える人も多いでしょう。間違ってはいないのですが、そこまで単純でもないのです。ここでカギとなるのは、価格そのものではなく、他の食品と比べた価格、つまり「相対価格」になります。

これから例を使って、どういうことか説明していきますが、1点だけ留意点があります。相対価格を計算するにあたって、異なる種類の食品の価格を直接比べられるようにするため、「1キロカロリー（kcal）当たりの価格」を使うことにします。日常的に使われている「重さ当たりの価格」では、食品によって1gの持つ栄養成分が違い過ぎるからです。

それでは、1kcal当たりの価格を使って、次の例を考えてみましょう。日本では主食（米、パンなど）1kcal当たり1円で、肉1kcal当たり8円だとします。一方、米国では主食1kcal当たり1・5円で、肉1kcal当たり9円だとします。ここで、肉の価格を比べると、日本の8円よりも米国の9円のほうが高くなります。一方、主食に対する肉の「相対価格」をみると、肉の価格は、日本では主食の8倍、米国では主食の6倍となり、主食からみた「肉の相対価格」は、米国のほうが安くなるのです。

そして、このような肉の相対価格が、肉を食べる量を説明するカギになります。この例でいうと、金額でみた肉の価格は日本よりも米国のほうが高いのですが、肉の相対価格は米国のほうが安いので、肉を食べる量は米国のほうが多くなる可能性が高いということになります。

では実際に、世界における食品の相対価格についてみていきましょう。ここでは、私の知る限り、最も包括的に世界の食品の相対価格を推計した研究[*1]の結果を紹介します。この研究では、176カ国の657種類の食品を21の食品グループに分けて、グループごとに「1kcal当たりの価格が主食の価格の何倍になるか」という相対価格を推計しています。次ページの表7では、主な食肉と野菜の相対価格に注目し、世界全体と4つの地域についてまとめています。

ここで注目すべきは、赤肉と白肉の相対価格が、北米&オーストラレーシア（オーストラリアなど）で最も安く、アフリカで最も高い点です。これら2地域の差は、赤肉で約4倍、白肉だと約5倍にもなります。たとえば、赤肉の相対価格は、北米&オーストラレーシアでは主食の5・9倍ですが、アフリカでは22・1倍にもなるのです。結果として、北米&オーストラレーシアで肉の食べる量が最も多く、アフリカで最も少なくなっているのです（6章の表4）。

一方、緑葉野菜やその他の野菜の相対価格にはそれほどの地域差はありません。ただ、アフリカ以外の地域では緑葉野菜の相対価格が最も高いのに対して、アフリカでは赤肉の相対価格がもっとも高くなっています。

つまり、アフリカでは、主食や野菜と比べて肉はかなり高価なため、食材として選ばれにくいというわけです。一方で、もしアフリカでの肉の相対価格が北米のように低くなれば、たとえ所得水準や金額が変わらなくても、食肉の消費量は今よりも増えると予想されるのです。

表7：世界と4地域における主食からみた食肉と野菜の相対価格

（1kcal当たりの相対価格）	世界	欧州	北米&オーストラレーシア	東アジア（中国除く）	アフリカ（西部&中央）
主食となる穀類・イモ類（小麦、米、トウモロコシ、ジャガイモ、ヤムイモなど）の価格を1.0とする。					
赤肉（牛、羊など）	11.5	7.8	5.9	7.9	22.1
白肉（鶏、豚など）	5.4	4.1	1.9	6.2	9.4
緑葉野菜（ホウレンソウ、小松菜など）	16.1	26.1	12.2	26.8	11.9
その他の野菜	4.7	4.3	3.4	10.1	7.8

出所：Heady & Alderman (2019) の結果を元に著者が編集。

健康よりも環境の改善に効果的？

つまり、食料価格政策のねらいは、食品の「相対価格」を変えることで、人々の食品の購買パターンを変えることなのです。しかし、悩ましいのは、その変化が必ずしも望ましい変化になるとは限らない点です。

たとえば、肥満対策として最も中心的な役割を担っているのが、特定の食品の価格を操作することで、より健康的な食生活に誘導しようとする政策です。

世界的に有名な例として、デンマークで導入された脂肪税や、米国で導入されたソーダ税があります。どちらも、肥満対策として導入された税で、課税された食品の消費量は大きく減り、税の影響は十分ありました。しかし、課税されていない食品の消費量にも影響があり、それらも含めた全体の効果でみると、あまり成功したとはいえない状況なのです。

どういうことか、もう少し詳しくみてみましょう。デンマーク政府は、２０１１年10月に、飽和脂肪酸が２・３％以上含まれる食品である、バター、牛乳、チーズ、肉類などに対して、飽和脂肪酸１kg当たり16デンマーク・クローネ（ＤＫＫ）を課税しました。これに25％の付加価値税（ＶＡＴ）が加わり、消費者にとっては実質20ＤＫＫ（約３００円）の増税になりました。この税の導入により、たとえば、バターは約20％の値上がりになり、十分に大きな値上げだったといえます。

しかし、脂肪税は２０１３年１月１日付で廃止されてしまいます。というのも、脂肪税のせいで他の食品まで値上がりし始めたからです。たとえば、脂肪税で値上がりしたバターやマーガリンの代わりに植物油の需要が増えて、その価格まで値上がりしてしまいました。このことは、全体の食料品価格が上がる一方で、課税した食品の「相対価格」は上がらないことを意味しています。つまり、人々の経済的な負担は増えるものの、健康改善の効果は小さくなるのです。デンマークの脂肪税の効果を評価した研究[*2]では、脂肪税の導入により、飽和脂肪酸の摂取量は４％しか減らず、代わりに食塩の摂取量が増えて、全体でみた健康改善の効果はかなり小さかったと結論付けています。

もう１つ別の例もみてみましょう。米国のカリフォルニア州にあるバークレーという都市では、２０１５年に、甘味料を含むすべての飲料に対して、１オンス当たり１セント課税する「ソーダ税」を導入しました。日本でもお馴染みの缶ジュース３５０mlは約12オンスなので、１缶当たり12セント（約12％）の値上げでした。

ちなみに、同様のソーダ税は、その後、フィラデルフィア、サンフランシスコ、シアトルなど9都市でも導入されました。米国以外にも多くの国（約30カ国）で導入されており、肥満対策といいつつ、税収を増やすことが第一目的の場合もあります。

さて、話をバークレーに戻すと、ソーダ税で課税された炭酸飲料やスポーツドリンクなどの売り上げは9・6%減り、税の対象外だった水やお茶や野菜ジュースなどの売り上げが3・4%増えたという報告があり[*3]、都市全体でみた飲料の購買パターンへの影響は小さくありませんでした。さらに、ソーダ税の導入から3〜4年後の2019年には、バークレーやフィラデルフィア内での課税された飲料の売り上げは、導入以前と比べて46〜53%減ったという報告もあります[*4]。

一方で、ソーダ税に反応して消費量を減らしたのは、すでにソーダの消費量が少なかった人で、習慣的にソーダを飲んでいた人はほとんど反応しなかったという研究結果もあります[*5]。つまり、すでに健康的だった人がさらに健康的になっただけで、本当に食生活の改善が必要な人に対する効果は小さかったということです。加えて、フィラデルフィアの住民が、ソーダ税のない近隣の町でソーダを購入する行為も散見されており、実際のソーダ税の効果はもっと小さい（マイナス20%ほど）という指摘もあります[*6]。

さらに、バークレーやサンフランシスコというのは、米国の中でもかなり特殊な都市で、健康志向の高い人の割合が多いといわれています。そのため、そのような地域で効果があったからといって、他の地域にあてはまるのか？　という疑念は根強く残っています。

一方、食料価格政策の効果を「食べる」による健康面だけでなく、「食料生産」による環境負荷の面からも考えてみると、見え方が少し変わってきます。というのも、課税した食品の減少分が、別の似た食品の増加で置き換えられたとしても、環境負荷の削減は可能だからです。

たとえば、6章で紹介した肉税の場合です。欧州では、生産による環境負荷の大きさに応じて、牛肉への課税額を最も大きくし、豚肉、鶏肉の順で課税額を小さくするデザインが検討されています。このような税によって、牛肉の消費量は大きく減り、その一部は豚肉や鶏肉に代替されることが予想されます。そして、牛と比べて豚や鶏は生産による環境負荷が小さいため、たとえ肉全体の食べる量はあまり減らないとしても、その生産による環境負荷は大きく減らすことができるのです。

アクセスか？　それとも需要か？

「食料価格政策なんて生ぬるいやり方よりも、もっと物理的に食品アクセスを制限もしくは改善したほうが効果的だ」という意見も少なからずあります。

たとえば、フードデザートと呼ばれる、徒歩圏内に生鮮食品などを売っている店がない地域に、野菜や果物を売る店を新たに設けることで、それらの食品を買う人を増やそうとする試みがあります。逆に、ジャンクフードや甘味料入り飲料を、政府の食料援助プログラムや、学校の構内から排除することで、それら食品を買う人を減らそうとする試みもあります。

ただ、このような試みを実施する場合、「因果関係の誤認」の可能性があることも心に留めておく必要があります。

たとえば、フードデザートで野菜や果物を売るという試みは、「その地域の人が野菜や果物を買いたいのに、近くで売っていない」という前提があってこそ、意味のある試みになります。しかし、もし「その地域では野菜や果物を買う人が少ないから売っていない」のなら、たとえ近所で売ったとしても、それらの食品を買う人は増えないでしょう。似たように、ジャンクフードの場合も、「近くにあるから買う」のではなく「欲しいから買う」のであれば、たとえ一部の地域からジャンクフードを排除したとしても、ネットや別の場所で買うだけになるのです。

たとえば、米国のフィラデルフィアの低所得地域で実施された大規模な社会実験があります。[*7]この実験では、その地域にある630の小さな商店が参加し、そこから無作為に選ばれた192の商店で、野菜、果物、低脂肪乳、全粒穀物といった健康的な食品を1年間販売しました。そして、健康的な食品を「販売した商店」と「販売しなかった商店」の販売履歴から、買い物1回当たりに購入された食品の栄養成分量を比較しました。しかし、それら2グループの商店の間で、購入された栄養成分量にはほとんど差がみられませんでした。つまり、健康的な食品へのアクセスを改善しても、それらの購入量はたいして増えなかったのです。

似たような研究[*8]に、フィラデルフィアの低所得地域に注目し、新しくスーパーマーケットができることが、近隣住民の食生活や体形にどのような影響を与えるかを調べたものがあります。スーパーマーケットができることで野菜や果物といった生鮮食品へのアクセスが改善されるはずですが、近隣住民の野菜や果物の消費量や肥満度（より正確にはボディマス指数）に大きな変化はみられませんでした。

それでは、ジャンクフードなどの販売を禁止する方法は、どうでしょうか？

たとえば、米国の40の州に注目した研究[*9]があります。この研究では、中学校での甘味料入り飲料の販売を「禁止した州」と「禁止していない州」の間で、中学生の甘味料入り飲料の購入パターンを比較しました。その分析によると、この禁止によって、中学生らの学校での甘味料入り飲料の購入は約7％減ったものの、学校外での消費量が増えて、結局、全体としての消費量は大きく変わりませんでした。

中学生らがこのような行動をとった理由として、「人間らしさ」の視点から、「心理的リアクタンス」の影響が考えられます。「心理的リアクタンス」とは選択する自由が外部から脅かされた時に、自由を回復しようとする反発作用の事です。たとえば、人は食料価格の変化に対しては（その変化の理由にかかわらず）比較的冷静に反応しますが、政策によって食品アクセスや行動を制限されると、より感情的に反応する可能性が指摘されています。[*10]

つまり、あからさまにアクセスや行動を制限しようとすると、「心理的リアクタンス」の作用が強まり、制限するための労力が大きいわりに、期待したような効果を得られない可能性が高いのです。それならば、食料価格政策のように、人々の選択肢を残したうえで働きかけたほうが、費用対効果という意味では、多少なりともマシかもしれません。

食品ラベルのツボ

次に、食品を買ったことがある人なら、必ず1度は目にしたことがあるはずの「食品ラベル」についてみていきましょう。食品ラベルは、「食べる」への働きかけとして、食料価格政策と同じくらい重要な役割を担っています。

よく見かけるものだけでも、栄養成分表示、原産地表示、有機マーク、海のエコラベル、トクホ、機能性表示などがあります。特に、栄養成分表示は、約60カ国で義務化されており、世界的に最も広く普及している食品ラベルになります。日本でも、2020年4月から新たな食品表示制度が施行され、加工食品の栄養成分の表示が義務化されました。

それでは、食品ラベルはどのような役割を持ち、なぜ重要なのでしょうか?

まず、その役割は、消費者が食品を選ぶときに参考になる情報を提供することです。食品ラベルを見て、外見だけからはわからない食品の安全性や品質などについて正しく理解し、本人や社会にとって望ましい選択をしてもらおうという狙いがあります。

このような役割は、「食料市場の失敗」を改善するために重要になります（6章を参照）。まず、生産者しか知らないような情報を消費者に提供することで、「情報の非対称性」を改善できます。また、食品が健康や自然環境に与える影響を伝えることで、「食べる」や「食料生産」から発生する「負の外部性」を軽減できるかもしれません。一方で、どの食品を選ぶかは、あくまで消費者の判断にゆだねられており、消費者の選択肢を制限していないこともポイントになります。

ただ、「食品ラベルに、そんな効果なんてあるの？」と懐疑的な人も多いと思います。実際、食品ラベルの効果はあるという研究もあれば、効果は小さいという研究もあり、正直はっきりしていません。

そして、効果は小さいという研究では、その原因として、①そもそもラベルを見ていない、②ラベルの内容を理解していない、③ラベルを理解しても行動を変えない、の3つの問題が指摘されています。

そして、このような問題を改善するための工夫が「食品ラベルのツボ」になります。具体的には、ラベルの内容やデザインを工夫して、もっと効果的にしようという取り組みのことです。この点についてもう少し深掘りするために、栄養成分表示に注目してみましょう。栄養成分表示は、多くの国で義務化されているだけあり、実際に使われているデザインも多種多様です。そして、より効果的なデザインを求めて、様々な研究がおこなわれています。

細かい話をする前に、まずはデザインがどれくらい違うかをみてみたいと思います。

図5では、同じ食品の栄養成分を、2つの異なるデザインで表示しています。デザイン1は、

日本でよく見かけるデザインで（表示内容は違います）、パッケージのうら面に表示されます。一方、デザイン2は、より効果的だと思われるデザインで、パッケージのおもて面に表示されます。

ぱっと見ただけでも、かなり違うことがわかると思います。そして、このような違いは、前述した食品ラベルの3つの問題を解決しようと工夫した結果なのです。

まず、「ラベルを見ていない」ことへの対策として、栄養成分表をパッケージのおもて面に表示する方法があります。フロント・オブ・パック（FOP）ラベルと呼ばれています。栄養成分表示というと、パッケージのうら面についていることが多いのですが、それだと、表示を見るために、パッケージを手に取って裏返すという手間がかかります。しかし、おもて面に表示すれば、そのような手間がかからないため、実際に見てもらえる可能性も高くなるのです。

たとえば、イギリスにおけるFOPラベルの効果を検証した研究[*11]があります。イギリス政府は、2006年に、プライ

図5：栄養成分ラベルのデザインの比較

【デザイン1】
パッケージのうら面に表示
栄養成分表示（60g 当たり）

エネルギー	350kcal
糖類	0.2g
脂質	20.5g
飽和脂肪酸	10.8g
食塩相当量	0.5g

【デザイン2】
パッケージのおもて面に表示
栄養成分表示（60g 当たり）

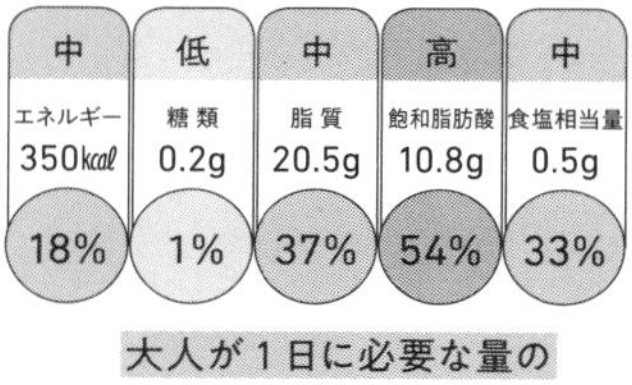

出所：著者が作成。
注：デザイン2の「低」は緑、「中」はオレンジ、「高」は赤で表示される。

ベートブランドのハンバーガーやピザといった加工食品に限って、FOPラベルを使うことを推奨しました。そして、「FOPラベルを導入したスーパー」と「それ以外のスーパー」で、1世帯当たりの食品の購入量と栄養成分量を比較しました。その結果、FOPラベルの導入によって、加工食品の購入量が9〜14%減り、購入された栄養成分も改善したことがわかりました。より具体的には、月当たりでエネルギー量が588kcal、飽和脂肪酸が13・7g、糖類が6・9g、食塩相当量が0・8mg減少しました。一方で、FOPラベルが付いていない食品の購入量には大きな変化はみられませんでした。

次に、「ラベルの内容を理解していない」ことへの対策として、ラベルをより理解しやすいように単純化する試みがあります。たとえば、イギリスで考案された「信号方式」です。図5はモノクロなのでわかりにくいですが、図5の「高」は赤、「中」は黄、「低」は緑というように、健康への悪影響が懸念される栄養成分を赤にして注意喚起し、問題のない栄養成分は緑にするのです。

もう一つの試みが、1日に必要な栄養摂取量ガイド（Guideline Daily Amounts／GDA）の表示です。図5にあるように、食品のエネルギー量が350kcalの場合、単に350kcalと表示するだけではなく、その350kcalが1日に必要なエネルギー量の約18%であることも表示するのです。

たとえば、私が香港でおこなった実験[*12]では、カロリー表示が菓子の購入パターンに与える影響について分析しました。そして、カロリー表示の効果は、その人が「１日に必要だと思っているエネルギー量」の大小によって違うことがわかりました。たとえば、１日に約２０００kcal必要だという正しい知識を持っている人は、ポテトチップ１袋３５０kcalと見て、意外とカロリーが高いと感じ、購入量を減らす傾向がありました。一方、１日に約１万kcal必要だと過大に思い込んでいる人は、ポテトチップ１袋３５０kcalと見て、意外とカロリーが低いと感じ、逆に購入量を増やす傾向があったのです。そして、このような逆効果をなくすには、ＧＤＡなどを表示して、数値の持つ意味も伝える必要があることが示唆されました。

また、別の研究[*13]では、異なる方式のＦＯＰラベルの効果を比較するために、フランスのスーパーマーケットでランダム化比較試験を実施しています。図６は、この研究で比較された、「簡略化方式」、「栄養スコア方式」、「栄養ベンチマーク方式」、「複合信号方式」の４方式の

図 6：FOP 栄養成分表示の 4 つの方式

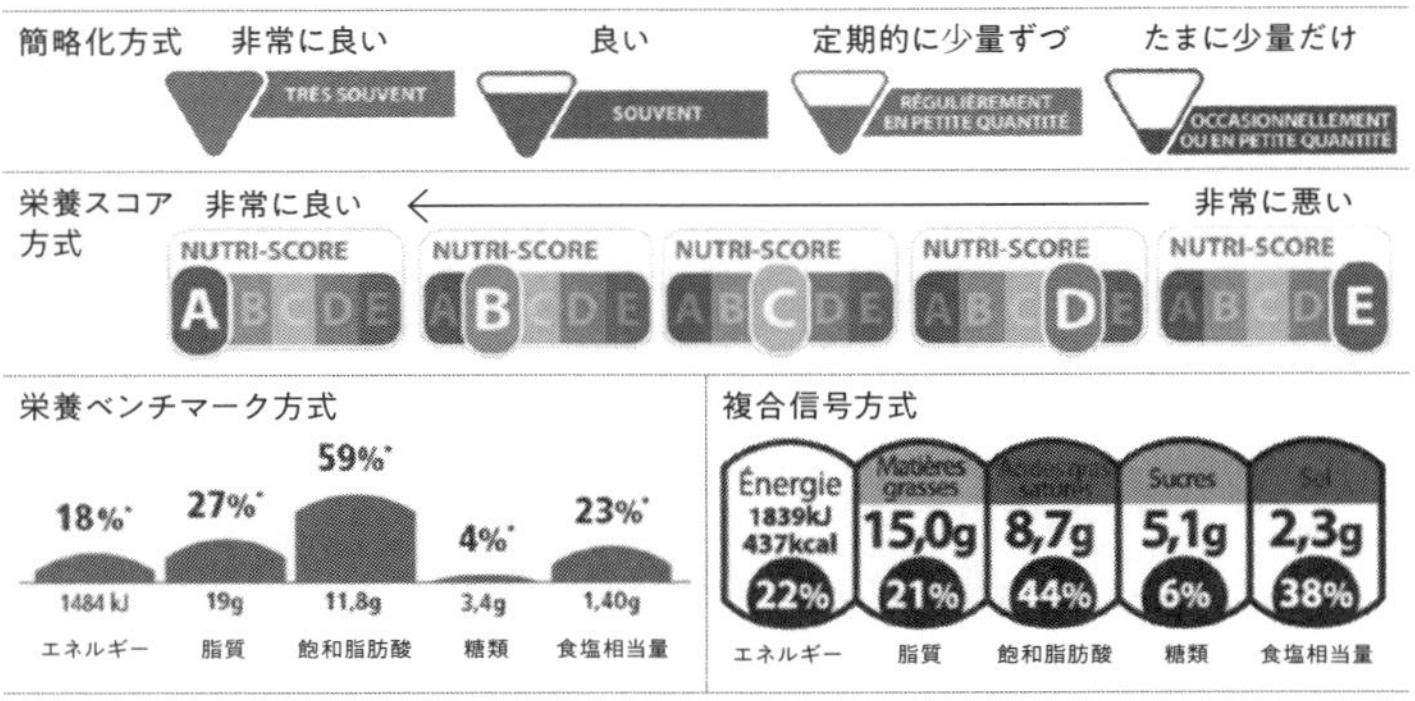

出所：Dubois et al.（2020）の図を元に著者が編集。

イメージをまとめています。

「簡略化方式」は、食品の栄養成分からみた全体的な質を4段階で評価しています。「栄養スコア方式」は、食品に含まれる健康に良い成分と悪い成分の量に注目して、AからEの5段階で評価します。「栄養ベンチマーク方式」は、エネルギー量、脂質、飽和脂肪酸、糖類、および食塩相当量と、それぞれのGDAを、棒グラフで表示します。最後に、「複合信号方式」は、「栄養ベンチマーク方式」に「信号方式」を組み合わせたもので、図5のデザイン2もこの方式になります。

この試験では、フランスにある40のスーパーマーケットを無作為に選び、それらを10店舗ずつの4グループに分けて、各グループで異なる方式のFOPラベルを3か月間導入しました。そして、これら4グループの販売履歴を、FOPを導入していないスーパーマーケット20店舗と比べることで、各方式の効果を検証しています。

その結果、最も効果的だったのが「栄養スコア方式」で、次に効果的だったのが「複合信号方式」でした。栄養スコア方式と複合信号方式は、健康的な食品グループの購入量を、それぞれ14%と8%増やす効果がありました。一方、「簡略化方式」と「栄養ベンチマーク方式」では、食生活を改善するような効果はみられませんでした。

栄養スコア方式のほうが複合信号方式よりも効果的なことから、シンプルなラベルのほうが良いといえるかもしれません。しかし、複合信号方式のほうが簡略化方式より効果的でもあったため、シンプルさだけでは説明できず、さらなる研究が必要な領域になります。

3つめの「ラベルを理解しても行動を変えない」という問題は、食品ラベルだけで改善できる問題ではなく、「食べる」をとりまく状況への働きかけが必要になってきます。この問題への対策に関しては、11章でお話しします。

他にも、近年注目されている食品ラベルとして、「環境にやさしい食品を選んでもらうためのラベル」があります。たとえば、有機マークや海のエコラベルなどです。そして、これらのラベルも前述した3つの問題（見ていない、理解していない、理解しても行動を変えない）を抱えています。なかでも「ラベルの内容を理解していない」こと、さらに言うと「知られていない」という問題がより深刻になります。

というのも、これらのラベルの多くは特定の基準を満たしているという認証ラベルなのですが、ラベル自体はロゴマークのみなので、どのような基準を満たしているのかがわかりにくいのです。そして、ラベルの意味がわからなければ、当然、期待される効果も得られません。

たとえば、私が中国で実施した調査[*14]では、「有機マークを知っているかどうか」と「有機栽培の米に支払いたい金額」の関係について調べました。調査の結果、有機マークを知っている人は全体の約17％しかおらず、有機マークを知らない人の間では、「有機栽培の米」と「通常の米」との間で支払いたい金額に差がありませんでした。一方、有機マークを知っている人の間では、

「有機栽培の米に支払いたい金額」が「通常の米」の倍近くになりました。つまり、有機マークが真価を発揮するには、まずは有機マークの認知度を上げることが重要だということです。

このように、食品ラベルだけでは、十分な効果を発揮できない場合も少なくありません。一方で、食品ラベルは食品を選ぶための基本情報になるため、他の「食べる」に関わる政策にとっての礎として不可欠なものです。そして、他の政策と組み合わせることで、もっと効果的にできる可能性を秘めているのです。

温室効果ガス排出権取引制度のねらい

さて、ここまで「食べる」側への働きかけについてみてきましたが、ここからは「食料生産」側への働きかけについてみていきます。

まずは、「食料生産」に起因する「負の外部性」、その中でも環境汚染の問題を改善するための対策についてみていきましょう。6章で説明したように、この問題の解決を難しくしているのは、汚染される自然資源の市場が存在せず、自然資源や環境汚染の金銭的な価値がわかりにくいことです。

それならば、環境汚染の金銭的な価値が決まるような市場を作ろうということで、「排出権取引制度」が考え出されました。なかでも、温室効果ガス（ＧＨＧ）排出権取引制度が広く採用されています。

それでは、排出権取引制度とはどのような制度で、どのような狙いがあるのでしょうか？

排出権取引制度では、まず科学的な根拠に基づき排出量の上限を設定し、その上限の中で個々の企業に排出権を有償もしくは無償で配分します。そして、企業らがお互いに排出権を取引できる市場を整備することで、各企業が自分たちの実際の排出量に見合った排出権を調達する制度になります。もし「実際の排出量」が「排出権の保有量」よりも多くなったら、罰則が科されます。

ここまで読んで、市場の整備なんて回りくどいことをせずに、「政府が排出量を直接制限すればいい」や、「排出量に対する税や、排出量削減に対する補助金を導入すればいい」と考える人もいるでしょう。しかし、これらの手段を実際に施行しようとすると、かなりの無駄なコストが発生してしまい、効率が悪いのです。

ここでボトルネックとなるのが、企業の不均一性を正確に把握できないという問題です。つまり、GHG排出量の削減が得意な企業もあれば苦手な企業もあり、得意な企業がより多く削減したほうが、社会全体でのコストは安くなります。しかし、削減の得手不得手は企業自身にしかわからないので、企業にとっては、実際よりも苦手だと政府に報告したほうが得なのです。そのため、政府は企業の不均一性を正確に把握できず、企業ごとにちょうどいい制限量を決めたり、社会全体にとってちょうど良い税や補助金の額を決めたりすることが難しいのです。

そこで、排出権取引制度の出番になります。この制度の狙いは、市場を通して企業に排出権を取引きさせることで、おのずと効率的な排出権の配分を実現させることです。ここでのメリットは、政府は企業の不均一性についていっさい知る必要がない点です。また、企業側にとっては、排出量削減の効率性を上げることで、「余った排出権を売る」や「罰金を免れる」などの金銭的なメリットが生じるため、新たな排出削減技術の開発が促されることになるのです。

実際、「排出権取引制度」は世界の44カ国と地域で導入されています。OECD（2021年）によると、エネルギー使用によるGHG排出量の約40％が、これらの制度（炭素税も含めて）によって市場に組み込まれています。逆に言うと、まだ60％はなんの制限も受けていないということです。また、GHG排出権の適正取引価格としてCO2換算1トン当たり60ユーロ（約7800円）以上が推奨されていますが、ほとんどの国では30ユーロ（約3900円）以下で取引しています。

たとえば、EUの欧州排出権取引制度では、2018〜2019年にかけて取引価格が1トンあたり16ユーロから25ユーロに上がり、市場におけるGHG排出量は8・9％減ったという推計があります。[*15]

日本でも、東京都と埼玉県で、それぞれ2010年と2011年から、合わせて約2000事業所を対象に、削減義務のある排出権取引制度が導入されています。ただ、実際に取引された量は想定された量の数％にとどまり、けっして成功しているとはいえない状況です。

　また、これまでの排出権取引制度が対象としているセクターは、鉄鋼、化学、自動車、電力、運輸といった非農業セクターのみで、いまのところ、農業セクターにこの制度を適用した国は1つもありません。というのも、農家当たりのＧＨＧ排出量を計測することは難しく、たとえ可能だとしても、農家を個別にモニターすることはコストが高くなりすぎて、割に合わないからです。しかし、6章でみたように、農業生産に起因するＧＨＧ排出量は、全体の約20％を占めており、何かしらの対策が必要なことは確かなのです。

　そしてついに、ニュージーランドが、２０２５年から排出権取引制度を農業セクターに導入することを決めました。このような決定の背景には、ニュージーランドのＧＨＧ排出量の約半分が農業に由来するものであるという事情もあります。

　ニュージーランド政府の計画では、最も望ましいシナリオとして、２０２５年から農場レベルで排出権取引制度を運用することを目指しています。その実現のために、政府と農業部門の間で「へ・ワカ・エケ・ノア（He Waka Eke Noa）」（「わたしたちは同じ船に乗った仲間」という意味）と呼ばれるパートナーシップを結び、農場レベルでＧＨＧの発生源と排出量を管理するための会計および報告システムの開発を進めているようです。

　ただし、システムの開発が間に合わない場合、畜産業からのＧＨＧ排出量は加工業者レベルでモニターし、肥料からのＧＨＧ排出量は肥料の製造業者もしくは輸入業者レベルでモニターするとしています。

農業セクターで排出権取引制度が、どれほどうまく機能するのか、機能するとすればどれほどの効果があるのか、今後の展開に目が離せない試みの一つです。

ＤＸで安全・安心・サスティナブル？

最後に、食料市場のデジタル変革（ＤＸ）がもたらす可能性について触れておきます。ここでは、「食料市場でのデジタライゼーションが進むことで社会全体に及ぼす変革」という意味で「食料市場のＤＸ」としています。

たとえば、ＩｏＴ技術を使って「食料生産」から「食べる」までをつなぐバリューチェーンから大量のデータを収集し、それらのデータをクラウド上でＡＩを使って分析することで、より健康的で環境にやさしい食生活を実践できる社会に変えていける可能性があります。

そのような試みが可能になったのは、バリューチェーンのあらゆる側面で、大量の機械判読可能なデータを収集・分析できるようになり、それらの情報を活用できるデジタル・プラットフォームが発展してきたおかげです。たとえば、２０１４年には1日に1農場当たり19万のデータポイントを集めていたのが、２０５０年までに1日に1農場当たり４１０万のデータポイントを集められるようになると予想されています。[*16]

このような食料市場のＤＸによって大きな改善が期待される問題に、「情報の非対称性」と

「取引費用」の問題があります。情報の非対称性が改善されることで、食品の安全性の向上や、食品ロスの削減が可能になります。また、取引費用を削減することで、新たな技術の普及や、より柔軟で無駄のない食料の供給が可能になります。

具体例の一つとして、食品トレーサビリティについてみてみましょう。食品トレーサビリティとは、食品の生産から消費までの取引を記録して保存しておき、食品がどこから来て、どこに行ったかを調べられるようにする仕組みです。

日本では、BSEの発生と事故米不正転売事件をきっかけに、牛トレーサビリティと米トレーサビリティが義務化されています。一方で、取引記録を整理して保存するための手間と費用がかかることから、他の食品にはあまり普及していないのが現状です。しかし、安全性に関する問題などが発生したときの原因究明や拡大防止のため、また消費者の信頼を得るためにも、食品トレーサビリティのさらなる拡充が望まれています。

そんななか、分散型台帳技術（Distributed ledger technologies）とスマート・コントラクト（Smart contract）というデジタル技術を活用することで、食品トレーサビリティの手間を大幅に削減できる可能性があります。分散型台帳技術とは、暗号技術によって記録の改ざんを防ぎ、バリューチェーン上での一連の取引履歴を正確に記録することで、取引の透明性を高め、データの監査や共有をしやすくする技術のことです。一方、スマート・コントラクトとは、第三者を介さずに、当事者間のみで信用が担保された取引を可能にするデジタル技術になります。

そして、農場から食卓までの契約や手続きをスマート・コントラクトを介しておこない、その記録が分散型台帳上ですべての関係者に共有されるようにすれば、それほど手間や費用をかけずに、高い透明性と信用を確保できるようになります。ここでの関係者には消費者も含まれるため、購入する食品の安全性や鮮度はもとより、どこからどのように運ばれてきたかまで、消費者自身が簡単に調べられるようになります。つまり、食料市場の「情報の非対称性」は大きく改善されるということです。これにより、食品偽装や食品汚染の発生および拡大を防ぐことができ、より安全で安心な食品が手に入るようになるというわけです。

また、スマート・コントラクトを使うことで、これまで必要だった第三者による仲介を省くことができ、取引もオンライン上でできるため、全体の取引プロセスを大幅に短縮できます。つまり、「取引費用」を大きく削減できるのです。これにより、食品サプライチェーンの効率性が上がり、食品をより安価かつ安定的に供給できるようになります。

このような取り組みで有名なのが、ＩＢＭフード・トラスト（Food Trust）です。ＩＢＭフード・トラストには、ドール、ドリズコールズ、クローガーといった、世界中の食品生産者、サプライヤー、小売業者が参加しています。

フランスのカルフールという大手スーパーは、ＩＢＭフード・トラストを活用して、販売している鶏肉の詳細情報（治療歴や鮮度など）を消費者に提供しています。似たように、欧米でオリーブ油を販売しているＣＨＯという会社も、商品パッケージに載っているＱＲコードをスマートフォンで読み込み、商品のシリアル番号を入力すれば、原材料の生産農場や認証結果などについて、消費者が調べられるようにしています。

もう一つ、食料市場のＤＸで期待されるのが、「農業生産による環境負荷」や「需給のミスマッチによる食品ロス」を減らせる可能性です。たとえば、天候、土地や水の状態、育てている作物の種類や品種、肥料や農薬の使用量と使用時期などの詳細な生産活動データを集め、生物化学や環境学の分析モデルと組み合わせることで、農家の生産活動による環境負荷を予測し、数値化することができるかもしれません。これにより、前述したＧＨＧ排出権取引制度を農家レベルで導入することが可能になります。そして、農家が農業生産による環境負荷を費用として組み込んだ生産計画を立てることで、効率的に環境負荷を削減することができます。

また、市場の動向、保管や配送の制約条件、在庫と販売状況、賞味期限までの期間などのデータをリアルタイムで集め、最適な供給量を予測することができれば、売れ残りや賞味期限切れによる食品ロスを減らすことができるのです。

このように、食料市場のＤＸは、「食料市場の限界」を補いうる大きな可能性を秘めています。一方で、8章でお話ししたように、どんなに優れた技術やシステムであっても、最後は使う人次第になってきます。そのため、技術面だけでなく、「人間らしさ」も加味した対策も必要となり、それが次の章の内容になります。

＊1　Heady & Alderman（2019）を参照。

＊2　Smed et al.（2016）を参照。

＊3　Silver et al.（2017）を参照。

＊4　NPR（2019）を参照。

＊5　Debnam（2017）を参照。

＊6　NPR（2019）を参照。

＊7　Lawman et al.（2015）を参照。

＊8　Cummins et al.（2014）を参照。

＊9　Taber et al.（2012）を参照。

＊10　Just & Hanks（2015）を参照。

＊11　Fichera & Hinke（2020）を参照。

＊12　Shimokawa（2016）を参照。

＊13　Dubois et al.（2021）を参照。

＊14　Shimokawa et al.（2021b）を参照。

＊15　Marcu et al.（2020）を参照。

＊16　Schroeder et al.（2021）を参照。

11章

「人間らしさ」を加味する

第三部の最後は、「人間らしさ」に起因する問題を改善するための試行錯誤についてみていきます。より具体的には、「食べる」や「食料生産」をとりまく状況を少し操作することで、これまでみてきたような取り組みをより効果的にするための試みになります。

このような試みは、料理でいうところの調味料のような役割で、ちょっとした付け足しや修正といった補助的な工夫になります。例えるなら、9章や10章でみてきた取り組みが肉や魚で、11章でみていく取り組みは塩・コショウや薬味といった感じです。ただ、味付け次第で肉や魚のおいしさが大きく変わるのと同様に、「人間らしさ」を加味したちょっとした工夫を加えるだけで、取り組みがより効果的になるかもしれないのです。

「食べる」の状況に働きかける

「人間らしさ」を加味して、「食べる」をとりまく状況に働きかける方法は、大きく分けて2通ります。

①考えて選択する状況を作る

②無意識により良い選択をしてしまう状況を作る

ちなみに、行動経済学者リチャード・セイラーらの著書などで広く知られるようになった「ナッジ（ちょっとした後押し）」には、どちらの方法も含まれています。より積極的なナッジが①の方法になり、リマインドなどがあります。一方、②の方法はもっと控えめなナッジで、デフォルト効果の利用などがあります。

また、②の方法をみて、「えっ、考えなくていいの？」と思った人もいるかもしれません。もちろん、①の方法だけでうまくいくのなら、②の方法を使う必要はありません。しかし、どんな状況でもよく考えない人もいれば、たとえよく考えたとしても望ましい選択をしない人も少なからずいるはずです。一方で、人口増加や環境の問題は待ったなしで進行しており、今すぐにでも食生活を変える必要があります。そのためには、次善の策として、②の方法も重要になってくるのです。

それではこれから、それぞれの方法ごとに具体例をみていきましょう。

考えて選択する状況を作る

まず試すべき最善の策は、人々がもっと考えて選択できる状況を作り、そのうえでより良い選択をしてもらうことです。

たとえば、リマインドを使ったナッジによって、8章でみた、下痢で死亡する乳幼児の数を減らせる可能性があります。ただ、経口補水塩を使わないという「間違った思い込み」による選択を変えるのは非常に難しいという話をしました。

それならば、そもそも下痢にならないようするために、ナッジを活用すればいいのです。より具体的には、テキストやボイスメッセージなどで、家庭での飲料水の品質改善の方法や、石鹸で手を洗うことなどを、定期的にリマインドするのです。ちなみに、途上国では文字を読めない人が一定数いるため、テキストだけでなくボイスメッセージも使うこともポイントになります。

近年注目されているものに、モバイルヘルス・ボイスメッセージ（mヘルス）という試みがあります。たとえば、バングラデッシュにおけるmヘルスの効果を分析した研究[*1]があります。この研究は、首都のダッカで、約16か月間、下痢と診断された患者の家族である769世帯に対して、ランダム化比較試験を実施しました。試験では、下痢予防に関する情報の伝え方として、「診断時のみ」、「mヘルス」、「mヘルス＋自宅訪問」、の3つの方法を比較しています。伝える内容自体は同じです。

通常は診断時に伝えるのみなのですが、mヘルスでは、診断から12か月の間、週1回のペースでメッセージが送られてきます。伝える内容としては、「調理前、食べる前、トイレの後、子供の顔やおしりをふいた後には、手を洗う」、「家族に下痢の人が出たらその後1週間は飲料水を塩素剤で消毒する、もしくは煮沸消毒する」、「飲料水は蓋の付いた容器に保存する」などになります。

その結果、診断後12か月の間に下痢になった5歳未満児の割合が、通常だと21〜25%なのが、mヘルスに参加した世帯では15〜19%と低くなりました。さらに、2歳未満児の発育障害の割合も、通常だと45%なのが、mヘルスに参加した世帯では32〜33%とかなり低くなったのです。

次に、10章で紹介した、フードデザート地域で健康的な食品へのアクセスを増やすという取り組みも、「声がけ」などと組み合わせることでより効果的にできるかもしれません。

たとえば、米国の食品店で実施された社会実験の例を見てみましょう。[*2] この実験では、健康的な食品を買いやすい小パッケージにし、店のレジのすぐそばに置きました。そして、レジで会計をするときに店員がそれらの食品について「声がけした店」と「なにもしない店」で、売り上げを比べました。その結果、「声がけした店」での売り上げは、「なにもしない店」での売り上げの2倍以上にもなることがわかりました。

つまり、食品アクセスを改善する取り組みは、店員による声がけ（ナッジ）というちょっとした工夫で、より効果的になるかもしれないということです。

また、8章で紹介した「出前サービスの例」にある、「現在志向バイアス」の影響を小さくするための工夫もあります。たとえば、学校でのランチの注文の仕方をひと工夫して、注文されるランチの内容をより健康的にしようと試みた研究[*3]があります。

この研究では、ニューヨーク州にある2つの小学校の14クラスで、4週間の間、その日のランチを「お腹の減ったランチタイムにその場で選ぶ」クラスと「お腹の減っていない午前中に事前に選ぶ」クラスに無作為に分けて、それぞれのクラスで実際に選ばれたランチの内容を比較しました。そして、事前に注文したほうが、より健康的なランチを選ぶだろうと予想しています。ただ、残念なことに、この論文はデータの正当性を疑われて、2019年に取り下げられてしまいました。そのため、研究結果についてはここでは触れません。一連の研究の中心的人物だった教授が大学を辞めるほどの大きな問題になりました。それまで注目していた研究者だったので、とても残念な結果になりました。ただ、アイデア自体はとても面白く、参考になる事例だと思ったのであえて取り上げています。

話がそれましたが、他にも色々なアイデアが提案されています。たとえば、別の研究[*4]では、米国のバージニアとカナダのトロントのスーパーマーケットで、一部のショッピング・カートを図

7のようにテープで半分に区切って、「野菜と果物は前半分に入れてください」というメモを貼る実験をしました。そして、通常のカートを使った客と、半分に区切ったカートを使った客とで、購入した食品の内容を比べたのです。

この試みのねらいは、品物をカートに入れるたびに、それが野菜・果物かそれ以外かを意識してもらうことです。その結果、通常のカートを使った客よりも、半分に区切ったカートを使った客のほうが、約2倍も多く野菜と果物を買い、総支払い額も25％増えたのです。つまり、買い物客はより健康になり、スーパーは売り上げが上がるというWin-Winの結果というわけです。

ここまでみてきたような工夫は、私たちの

図7：半分に区切ったカート

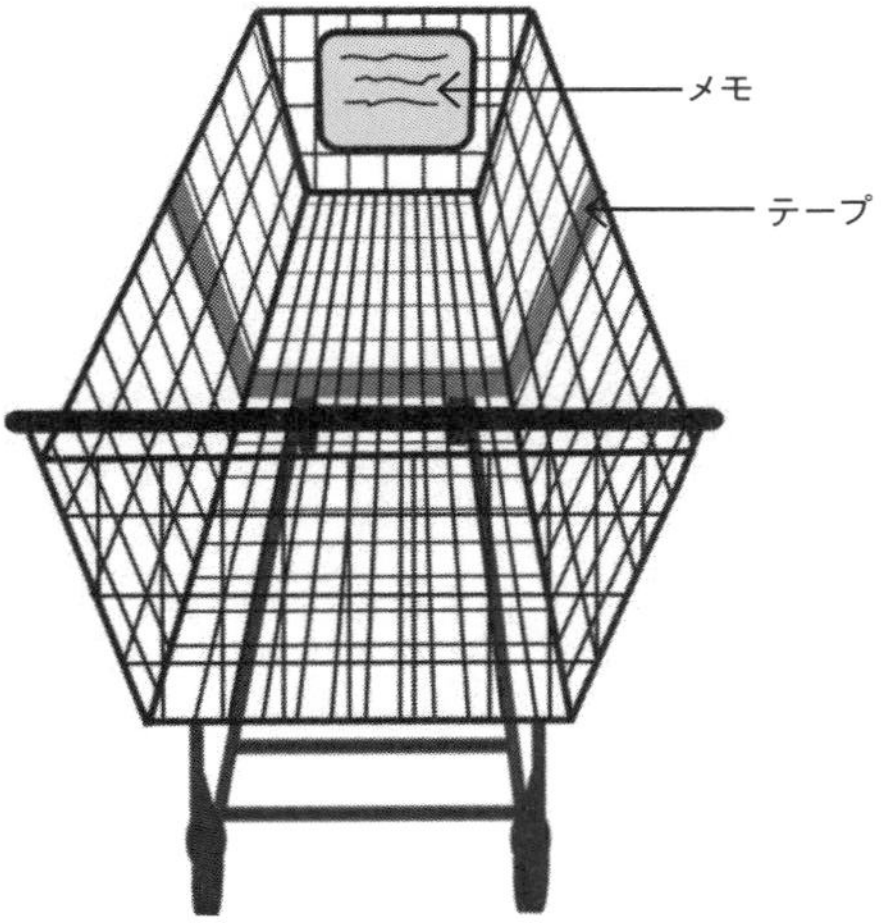

出所：Wansink et al. (2014)。

日常生活にも応用できます。たとえば、日本だと、ほぼ毎日買い物に行って、その日の献立をその場で考えている人も多いと思います。それも、仕事帰りなどに買い物をすると、色々と考えている余裕もないので、あまり深く考えず、「とりあえず今日食べたいものを買う」を日々繰り返しているのではないでしょうか。しかし、このような時間に追われて目先の判断をする状況は、認知バイアスがかかりやすくなることがわかっています。[*5] 結果として、偏った食事や、家庭での食品ロスにつながるのです。

改善策としては、たとえば、事前に1週間分の献立を考えておく方法があります。最近だと、献立を考えてくれるアプリもあります。そして、事前に献立を決めておくことで、より健康的な食事を選ぶようになり、無駄な買い物も減らせる可能性が高いのです。また、食事の時には、自分が何を食べているのかを認識しやすい環境で食べることも重要になります。たとえば、テレビやスマホは見ずに、明るい部屋で食べるなどです。

無意識により良い選択をさせる

とはいえ、考えて選択する状況を作っても、なかなか望ましい選択をしてもらえないのが現実です。そこで、次善の策として、人のヒューリスティックや反射的な意思決定を利用することで、考えなくてもより良い選択をしてもらう試みも重要になってきます。この章の冒頭で紹介した②

の方法です。

この方法では、主に「デフォルト効果」、「顕著性効果」、「社会的証明」などを利用します。「社会的証明」とは、自分の行動が、他の人の社会的に正しいと思われる行動や態度に影響される現象のことです。そして、この方法のポイントは、できるだけ手間のかからない望ましい選択肢を、デフォルトの選択肢として目立つように社会や村の仕組みを変える点になります。

それではまた、途上国の下痢の問題からみていきましょう。改めて、下痢を減らすカギの1つは消毒された安全な水の供給になります。たとえば、日本で子供の下痢が少ない要因の1つは、飲料水のデフォルトが塩素消毒された水道水だからです。ただ、途上国では上水道が整備されていない地域も多く、自分たちで塩素消毒液を使って飲料水を消毒しなくてはなりません。ただ、この作業がやや面倒で、忘れられることも少なくないのです。

そこで、ケニアにおける研究[*6]では、それまで家庭用の塩素消毒液を格安（1か月当たり3セント）で提供していた地域で、塩素消毒液の入った「公共塩素ディスペンサー（無料）」を村の井戸の隣に設置するという試みを実施しました。これにより村人は、自分で消毒液を準備する必要がなく、井戸で水を汲んですぐに必要な量だけ消毒液を使えるようになりました。また、井戸の隣にあるディスペンサーを見ることで消毒のリマインドにもなります。さらに、他の村人が使っているのが見え、自分が使っているのも他の人に見られるため、社会的証明のために水を消毒するようになるのです。

その結果、塩素消毒液を使用する世帯の割合は、7％から60％にまで増えました。つまり、世帯向けの塩素消毒液を補助金で安くして提供するより、公共塩素ディスペンサーを村に1つ設置したほうが効果的だということです。政府の支出は多少増えますが、その効果を考えると「公共塩素ディスペンサー」は、最も費用対効果の高い下痢対策だといわれています。

次に、2009年に米国で始まったスマーター・ランチルーム運動（Smarter Lunchrooms Movement）という取り組みを紹介したいと思います。いまでは、全米の2万校以上の公立学校が参加している取り組みです。その目的は、公立学校の食堂の環境を少し操作することで、学生がより健康的なランチを選ぶように促すことです。ポイントは、野菜や果物などの健康的な食品の選びやすさ、見えやすさ、料理のイメージなどに関するちょっとした工夫になります。そしてなんといっても、このような工夫をするために総額で50ドル（約5000円）ほどしかかからないという点が、取り組みが広がった理由でもあります。

内容を詳しくみていきましょう。まず、選びやすさについてです。たとえば、それまで「ソーダ、チョコレート牛乳、牛乳、水、と横ならびに配置」していたものを、「牛乳と水を前方、チョコレート牛乳とソーダを後方、と前後に配置」するようにします。この工夫で、チョコレート牛乳の代わりに牛乳を選ぶ子が増えて、牛乳の消費量が20％上がったという報告[*7]があります。また、クッキーやチップスといった菓子類を、食堂カウンターの内側など、職員に頼まないと選べない場所に置くという工夫も提案されています。

次に、見えやすさに関する工夫です。たとえば、それまで多くの食堂で、リンゴやオレンジといった果物は、アクリル板の飛沫ガードに守られて、あまり目立たない場所の腰の高さに置かれた、無機質なステンレス製容器の中に入れていました。そこで、果物を、レジの近くに移動し、手に取りやすい高さに置いた、温かみのある陶器製のボウルの中に入れるように変更したのです。このような工夫の効果を、ニューヨーク州にある中学校で9週間のランダム化比較試験を実施して検証した研究[*8]があります。その結果、ランチで果物を選ぶ学生の数が36%増え、果物の消費量も23%増えたと報告されています。

さらに、料理のイメージも重要になりま

図8：野菜キャラ付きサラダバー

出所：Hanks et al. (2016)。

す。たとえば、別の研究[*9]では、米国の都市部にある10の小学校で、図8のように、「食堂のサラダバーに、野菜キャラのバナーを設置する」というランダム化比較試験を実施しました。その結果、バナーを設置した小学校では24％の生徒が野菜を食べたのに対し、バナーなしの小学校では12・6％の生徒しか野菜を食べませんでした。つまり、バナーの設置によって、野菜を食べる生徒の割合がほぼ倍増したということになります。

スマーター・ランチルーム運動では、これら以外にも、料理をすくう道具のサイズ、照明の明るさ、テーブルの配置、壁に貼るポスターなど、100種類以上もの工夫が提案されています。そして、学校ごとに、実施可能な工夫を自由に選んで組み合わせられるようになっています。この自由度の高さも、取り組みを広く普及することができたポイントだといえます。

最後に、10章で紹介したソーダ税や脂肪税は、その見えやすさ次第で効果が変わる可能性について見ていきます。ここでのポイントは、「顕著性効果」と「フレーミング効果」になります。

たとえば、不健康な料理に20％の税金をかけるとき、2つの異なる税の見せ方（表示方法）を試し、ランチのカロリー摂取量にどのような違いが出るかを調べた研究[*10]があります。より具体的には、「メニュー上に20％課税後の値段を載せて、不健康な料理は20％課税されていると書く」、「メニュー上には課税前の値段を載せて、不健康な料理には20％課税されると書く」、そして「課税なし」の3グループに無作為に分けて、注文内容の違いを比べています。

参加者らは、10ドルの予算内で、飲み物（12種類）、メイン（12種類）、スナック（9種類）の

3つのパートで構成されるメニューから注文します。そして、各パートに比較的健康な料理と不健康な料理が同じくらい含まれています。たとえば、ベジバーガーとチーズバーガーといった感じです。

その結果、「課税なし」と比べたカロリー摂取量は、メニューに課税後の値段を載せたグループでは104kcal減ったのに対し、メニューに課税前の値段を載せたグループでは70kcalしか減りませんでした。

つまり、税の内容自体は同じでも、課税後の金額が見えやすいほうが消費者の行動への影響が大きくなるということです。そのため、ソーダ税や脂肪税は、課税していることを明記したうえで課税後の値段を載せたほうが、効果がより大きくなる可能性があるのです。

「食料生産」の状況に働きかける

ここから、「食料生産」における「人間らしさ」を加味した試行錯誤についてみていきます。「食料生産」の場合も、選択する人をとりまく状況に働きかけるという点では、「食べる」の場合と同じになります。

一方で、「食料生産」における選択は、「食べる」と違って、すでによく考えて選んでいる場合が多く、また考えずに選ばせるという戦略もあまりお勧めできません。そのため、「人間らしさ」

を加味するにしても、「食べる」の場合ほどの余地がなく、働きかける方向性も違ってきます。

まずは、8章で紹介した、アフリカで農業生産性が低いのに肥料を使ってもらえないという問題からみていきましょう。

この問題の要因の一つに、お金のある収穫期に使い過ぎてしまい、来期の種まきの時期には肥料を買うお金が残っていないという問題がありました。このような問題への対策として、来期の農業生産のために貯蓄する仕組み、いわゆる「コミットメント・デバイス」を提供する方法があります。

たとえば、マラウイ共和国で、農家がマイクロファイナンスに口座を開設する手助けをするという、ランダム化比較試験が実施されました。[*11] この試験では、無作為に、「普通口座だけ開設」と「普通口座と農業資材用の特別口座を開設」の2グループに分けています。ポイントは、この特別口座は1度入金すると来期の種まきの直前までお金を引き出せないという仕組みになっており、目的がより明確で、コミットメントの度合いが高いという点です。

その結果、普通口座だけを開設した農家に比べて、特別口座も開設した農家のほうが、種まき直前の貯蓄額が9・8%増、肥料の使用率が26・2%増、農業生産量が22・0%増、収穫後の世帯支出が17・4%増となりました。一方、普通口座だけを開設した農家は、貯蓄する口座を持たない農家と比べて、大きな違いがみられなかったのです。

また、お金の問題に加えて、村から市場まで肥料を買いに行くのが面倒だという声もあります。市場までの道は未舗装でガタガタの場合も多く、車を持っている農家も少ないので、重い肥料を買いに行くのが面倒という気持ちも理解できます。そこで、肥料を小分けで売ったりしたのですが、それほど大きな効果はみられませんでした。

そのため、ケニアにおける研究[*12]では、肥料の無料宅配を導入するというランダム化比較試験を実施しました。これにより、農家の肥料の使用率が47〜70%増えたと報告しています。市場まで行って肥料を持って帰ってくる手間が省けることに加えて、金銭的にも無料配達してもらえるというちょっとしたお得感がある点もポイントになります。しかも、この効果は、肥料価格の50%を補助したときの効果とほぼ同じだったというのです。

他にも、デジタル技術を活用した事例もあります。ナイジェリアの米農家に注目した研究[*13]では、ライス・アドバイス（RiceAdvice）というアンドロイド・アプリから「パーソナライズされた施肥管理アドバイス」を受けることで生産性が改善するかを、ランダム化比較試験を用いて検証しました。

従来の施肥管理アドバイスは、作物の種類（米、小麦、大豆など）と3段階の土地の肥沃度（高、中、低）のみに基づいた、かなり大雑把なものでした。一方、ライス・アドバイスは米に特化して、より細かく、米の品種と植え付け方法、前年の単収、現在使っている肥料の種類などに基づいて、その農家と農地に特化した施肥量をアドバイスしてくれます。つまり、複雑で認知的負荷の大きい施肥管理の手間を大幅に軽減してくれるのです。その結果、ライス・アドバイスを利用した農家は、その他の農家と比べて、全体の施肥量を変えずに生産量を7％増やすことができ、農業生産による利益が10％増えたのです。

つまり、今ある技術だけでも、「人間らしさ」を加味して農家をとりまく状況を微調整することで、まだまだ生産性を上げられる可能性が高いのです。

一方で、新しい技術を採用してもらえないという問題もあり、その要因の1つに「注意力の限界」がありました。

その対策としては、「人間らしさ」を加味した情報提供やリマインドが考えられます。たとえば、ターゲットの農家に特化した、社会的比較や社会的規範を活用したメッセージを送る方法です。つまり、ターゲットの農家が気にするグループを引き合いに出し、新しい技術の採用状況の比較などをメッセージに含めるのです。しかし、「食料生産」という文脈で、このような取り組みの効果を検証した研究は、いまのところ見つかりませんでした。

ただ、「人間らしさ」を加味したとまではいえないまでも、情報の伝え方を工夫することの重要性をあきらかにした研究はあります。たとえば、中南米のエクアドルにおける研究[*14]では、総合的病害虫管理（Integrated Pest Management／ＩＰＭ）という「農薬などの使用量を最小限に抑える病害虫管理法」を新たに普及するための、テキストメッセージを活用した方法の効果についてランダム化比較試験を使って検証しています。

対象となったのは、ＩＰＭの1日トレーニングセッションに参加したジャガイモ農家です。従来はトレーニング修了時にＩＰＭの教科書を渡すだけでした。一方、この試験では、「ジャガイモを栽培する10週間の間、ＩＰＭ作業に関するテキストメッセージが携帯電話に送られる」というサービスを、無作為に選んだ参加者にだけ提供しました。たとえば、「畝を高くすると、ジャガイモキバガ（蛾の一種）からの食害を防げることを思い出して」といった、具体的な作業とその目的に関する情報を、その作業をするべき時期に送るのです。

その結果、テキストメッセージを受け取った農家は、それ以外の農家に比べて、ＩＰＭに関する知識（テストの点数）が18・3〜23・2%ポイント高く、ＩＰＭで推奨されている作業を採用する割合も5・5〜9・3%ポイント高くなりました。

つまり、情報を提供するだけでは不十分で、提供するタイミングや内容を工夫することでより効果的になるということです。

期待のし過ぎは禁物

さて、ここまで「人間らしさ」を加味することのメリットについて話してきました。しかし、この章の冒頭で触れたように、これらの取り組みの役割はあくまで補助的なものであって、メインではないということを肝に銘じておく必要があります。そして、このような取り組みの効果には、様々な限界があることも話しておこうと思います。

まず、これまでみてきたように、ちょっとした状況の変化で、人の選択や行動が変わることがあります。ということは、その逆も然りで、別のちょっとした変化で効果が打ち消される可能性も高いのです。

次に、この章でみてきた取り組みは、あくまで「ちょっとした」働きかけであることがポイントになります。そして、人にとって「ちょっとした」と感じられる許容量はかなり限られています。そのため、単独では「ちょっとした」働きかけでも、3つも4つも合わせてしまうと、すぐに人の「ちょっとした」の許容量を超えてしまい、すべての働きかけの効果がなくなってしまう可能性があります。

そのため、「人間らしさ」を加味する際には、働きかけの数と組み合わせに気を付ける必要があります。特に、考える状況を作るための働きかけは、認知的負荷が比較的大きいため、あまり頻繁にやりすぎると人々から敬遠され、むしろ逆効果になることさえあります。しつこいセールス電話が逆効果なのと同じ理屈です。

また、無意識に選んでもらうような働きかけでも、その数が多すぎると、その効果が打ち消される可能性が高くなります。たとえば、健康な食品を目立たせるためのポップも、数が多すぎると、1つ1つが目立たなくなり、人々も注意を向けなくなるのです。

ただ、これらの限界を考え合わせても、「人間らしさ」を加味した取り組みは、人の選択や行動を変える「取っ掛かり」として、とても役に立つツールだといえます。別の言い方をすると、これらの取り組みの効果として、取っ掛かり以上のものを期待しない姿勢が大事だということです。そして、その取っ掛かりを活かした次の段階、つまりより長期的な変化につなげる仕組みを準備しておくことが肝要です。そのためには、目新しさはなくとも、9章や10章で取り上げた試行錯誤を地道に続けていくことが、結局のところ最も重要な部分になるのです。

＊1 George et al.（2020）を参照。
＊2 Payne & Niculescu（2018）を参照。
＊3 Hanks et al.（2013）を参照。
＊4 Wansink et al.（2014）を参照。
＊5 Huseynov and Palma（2021）を参照。
＊6 Kremer et al.（2009）を参照。
＊7 Smith et al.（2011）を参照。
＊8 Greene et al.（2017）を参照。
＊9 Hanks et al.（2016）を参照。
＊10 Chen et al.（2015）を参照。

＊11　Brune et al.（2011）を参照。

＊12　Duflo et al.（2011）を参照。

＊13　Arouna, et al.（2021）を参照。

＊14　Larochelle et al.（2019）を参照。

第四部

未来をイメージする

「食べる」から考える未来社会

第四部では、これまでの内容をふまえたうえで、改めて「社会にとって最も望ましい『食べる』」について考えていきます。

と、その前に、第一部の最後でした質問を覚えているでしょうか？

「あなたは、どのような『食べる』が、社会にとって最も望ましいと考えますか？」という質問です。ここまで読んできて、自分なりの答えはみえてきたでしょうか？　できることなら、その答えをどこかにメモしておいてください。

というのも、じつは、この質問には、専門家らが提案している1つの具体的な答えがあります。それが唯一無二の正解というわけではないのですが、世界中の専門家の間で、ある程度のコンセンサスが得られている内容です。

最後の章となる12章では、その専門家らの提案の内容と、それを実現するために必要な変化についてみていきます。そして、「専門家らの提案」と「その提案を読む前の自分の考え」の間にどれほどのギャップがあり、なぜそのようなギャップが生じるのかを考えながら読み進めると、これからの内容をより楽しめるはずです。

12章

これからの「食べる」について

現在の「食べる」と「食料生産」をとりまく仕組みは、現世代の人たちの食欲を満たすという目的のためだけに作り上げられてきたといっても過言ではありません。その意味では、完璧ではないにしろ、十分に目的を達成してきたといえます。

しかし、そのような仕組みにも限界が来ています。地球上の限られた資源だけで、今後も増え続ける世界人口を養い、50年後や100年後も今と変わらず食料を生産できるようにするためには、短期的に食料生産性のみを高めるだけでは不十分なのです。これからは、貧困削減、健康的な食生活の促進、気候変動や生物多様性の危機の緩和、自然災害などにも強靭な仕組みの構築など、他の重要な目的にも対応しながら、食料生産性を高め続ける必要があります。

ただ、こういわれても抽象的過ぎてピンとこないと思うので、この章では、このような他の目的も考え合わせると、具体的にどのような「食べる」や「食料生産」が求められるのかについてみていきます。

「健康的で持続可能な食生活」とは？

これからの「食べる」を考えるうえで特に重要になってくるのが、「食べる」による健康への影響と、「食料生産」による環境への負荷になります。これら2つの側面を考え合わせた食生活を「健康的で持続可能な食生活」と呼びます。

ここでポイントなのは、「健康的」と「持続可能」は同時に改善できるという点です。つまり、より健康的な食生活になることは、同時に、より持続可能な食生活になる可能性が高いのです。たとえば、より健康的な食生活にするためには、以下の3つの変化が必要で、それぞれ環境負荷の削減にも貢献できます。

まず、先進国などでの食べ過ぎを減らす必要があり、これにより食料生産全体に必要な自然資源を節約できます。次に、植物性食品の割合を増やし、動物性食品の割合を大幅に減らす必要があるため、結果として畜産による温室効果ガス排出量や水質汚染を減らすことができます。さらに、高度に加工された食品や添加糖類などの消費を減らすことも推奨されており、これによって複雑な加工工程で発生する食品ロスを削減できるのです。

「健康的で持続可能な食生活」の具体例として、世界的に最も広く認められているものに、6章で紹介したEATランセット委員会が提案している食生活があります。そして、この提案の内容こそが「社会にとって最も望ましい『食べる』」の質問に対する、専門家からの1つの答えになります。

EATランセット委員会とは、食に関わる様々な専門分野の研究者らで構成された委員会で、科学的な根拠に基づいて、2050年までに達成すべき「健康的で持続可能な食生活」の基準を提案しています。[*1] この基準を、これ以降、EATランセット基準と呼ぶことにしましょう。EATランセット基準の内容として、食品カテゴリーごとの1日1人当たりの摂取量を、表8にまとめています。

まず手始めに、EATランセット基準と、現在の日本人（20歳以上）の食生活とを比べてみましょう（表8参照）。すると、日本人は全体として、肉、魚、飽和脂肪酸の

表8：EATランセット基準と日本人の現在の食生活

1日1人当たり		EATランセット基準の摂取量	（許容範囲）	日本人の摂取量
穀類		232g		410.5g
イモ類		50g	（0-100）	50.0g
野菜		300g	（200-600）	280.5g
果物		200g	（100-300）	100.2g
乳製品		250g	（0-500）	110.7g
タンパク質源	牛と羊	7g	（0-14）	15.5g
	豚	7g	（0-14）	39.9g
	鶏	29g	（0-58）	30.8g
	卵	13g	（0-25）	41.4g
	魚	28g	（0-100）	68.5g
	豆類	75g	（0-100）	64.6g
	ナッツ類	50g	（0-75）	2.7g
脂質	不飽和脂肪酸	40g	（20-80）	35.7g
	飽和脂肪酸	11.8g	（1-11.8）	17.9g
添加糖類		31g	（0-31）	−

出所：Willett et al.（2019）と「国民健康・栄養調査 2019年」のデータを元に著者が編集。
注：日本人の摂取量は20歳以上の平均値。添加糖類のデータは報告されていない。

食べる量が多すぎ、果物、乳製品、ナッツ類の食べる量が少なすぎることがわかります。特に、牛、豚、卵、飽和脂肪酸の摂取量は許容範囲の上限すら超えており、基準値まで約35～85％も減らす必要があります。また、果物も許容範囲の下限ギリギリなので、もっと食べる量を増やす必要があります。

ただ、表8の数値だけではよくわからないと思うので、食べる頻度に置き換えて考えてみましょう。たとえば、EATランセット基準に、牛肉や豚肉は1日1人当たり7gとありますが、毎日7gずつ食べるという意味ではありません。これは、もし1回の食事で70gの牛肉を食べるなら、そのような食事は10日に1回にすると考えるのです。

このように考えると、牛肉もしくは豚肉を食べるのは月3回ほどまで減らし、鶏肉や魚や卵などを食べるのも、それぞれ週3回ほどに減らす必要があるということです。一方、穀類はいわずもがな、野菜、果物、大豆製品（豆腐、納豆、きなこ、豆乳など）、および乳製品は、意識的に毎日食べる必要があります。イモ類とナッツ類も週1回以上は食べたいところです。また、飽和脂肪酸を減らして、不飽和脂肪酸の摂取を増やすためにも、使用している食用油の中で、えごま油（しそ油）、アマニ油、なたね油、こめ油などの割合を増やす必要があるかもしれません。

EATランセット委員会によると、世界中の人たちがこのような食生活を実践すれば、心疾患や2型糖尿病などのリスクが減り、世界の年間の成人死亡者数を1080～1160万人（19・0～23・6％）減らせると推計しています。なかでも、果物、野菜、ナッツ類、豆類を食べる量を増やすことによる貢献が特に大きいということです。それに比べて、食肉を食べる量を減らすことと健康状態の相関は比較的小さく、こちらは環境負荷を減らすことが主な貢献になります。

また、ＥＡＴランセット委員会では、「食料生産」による環境負荷に関しても、地球環境にとりかえしのつかないほどの壊滅的なダメージを与えないための、２０５０年までに達成すべき目標について議論しています。

たとえば、「食料生産」による環境負荷の２０５０年時点での上限値として、温室効果ガス（ＧＨＧ）排出量は年間50億トン（CO_2換算）、使用する耕地面積は１３００万km²、取水量（灌漑用水などのみで、天水は含まない）は年間２５００km³を提案しています。

これらの目標がどれほど困難かは、「もし今のままの食生活と食料生産を続けた場合、２０５０年までにＧＨＧ排出量は年間約98億トン、耕地面積は約２１１０万km²、取水量は年間約３０００km³に達する」という予測を聞けばわかってもらえるでしょうか。つまり、ＧＨＧ排出量と耕地面積は、上限値を基準とすると、予測よりもそれぞれ96％と62％も減らす必要があるのです。

しかも、２０５０年には１００億人に達するかもしれない世界人口を養うために、食料生産量は増やし続けなくてはなりません。このため、ＥＡＴランセット委員会も、食料生産に使う水の使用量についてだけは、他の２つの目標ほど減らせないと判断しています。そして、すでに世界の取水量の70％以上が食料生産のために使用されていますが、２０５０年までには、その割合をさらに増やさざるを得ず、全体の90％以内に収めることを目標としています。

必要な変化とコストは？

それでは、日本以外の地域にも目を向けて、ＥＡＴランセット基準を満たすために必要となる食生活の変化と、そのような食生活を実践するためのコストについて、より詳しくみていきましょう。

図9は、世界全体、北アメリカ、サブサハラ・アフリカの3つのケースについて、ＥＡＴランセット基準と現在の食生活との違いを、11の食品カテゴリーに注目してまとめています。

世界全体でみると、赤肉、イモ類、卵の食べる量は、それぞれ基準値の288％、

図9：EAT ランセット基準と現在の食生活の差

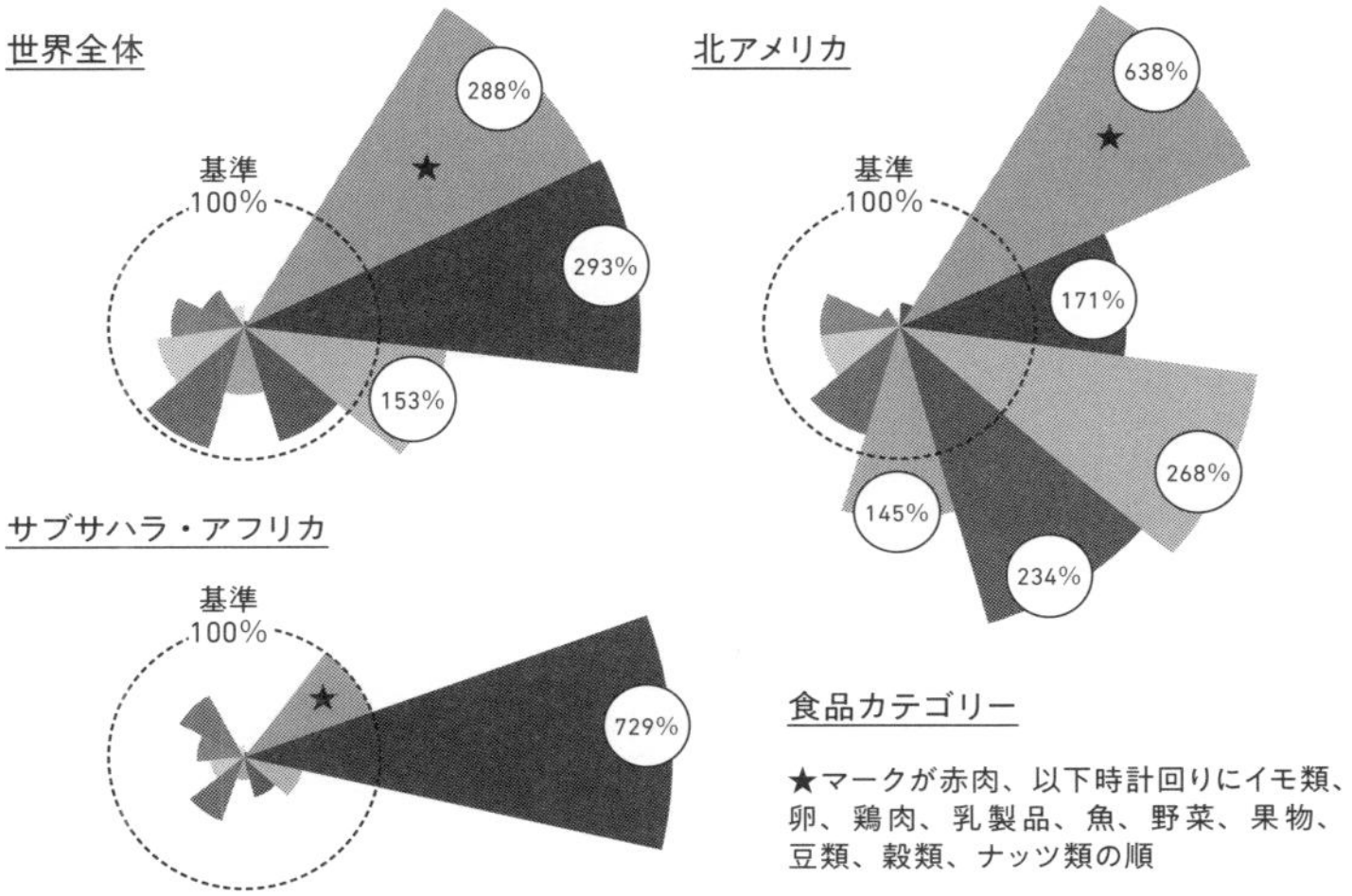

出所：EAT-Lancet Commission（2019）の図を元に著者が編集。

293%、153%にもなります。一方で、他の食品カテゴリーの食べる量は不足しており、鶏肉と魚以外のカテゴリーは基準値の半分以下しかありません。つまり、動物性食品の食べる量を大幅に減らしつつ、果物、野菜、ナッツ類、全粒穀物などの植物性食品の食べる量を増やす必要があるということです。

また、北アメリカとサブサハラ・アフリカを比べてみると、地域ごとに状況が大きく異なることがわかります。北アメリカでは、赤肉、イモ類、卵、鶏肉、乳製品が基準値を大幅に超えており、特に赤肉は基準値の6倍以上も食べています。一方で、野菜や果物は基準値の半分以下で、最も大きな改善が必要な地域になります。

それに比べて、サブサハラ・アフリカでは、赤肉とイモ類以外のすべての食品カテゴリーで、食べる量が大幅に不足しています。実際には赤肉もやや不足しているので、ほぼすべての食品カテゴリーの食べる量を増やす必要があり、北アメリカとは別の意味で、大幅な改善が必要な地域になります。このように、地域によって改善すべき内容や程度がかなり異なるのです。

一方で、「それでは、EATランセット基準を満たすような食生活っていくらかかるの？」という疑問も、当然出てきます。北アメリカや日本のような先進国ならまだしも、サブサハラ・アフリカにある途上国の人たちに、基準を満たすような食生活を実践できるほどの経済的余裕があるとは思えないからです。

そのような疑問に答えるべく、159カ国の744種類の食品の小売り価格（2011年時点）を調べて、国ごとにEATランセット基準を実践するために必要なコストの最安値を推計した研究[*2]があります。そして、その最安値ですら高すぎてEATランセット基準を実践できない、収入不足の人の割合も推計しています。表9では、これらの推計値について、地域別および所得水準別でまとめています。

このような最安値の中央値（大きい順に並べて、ちょうど真ん中にくる値）は、世界全体でみると2・89ドルになります。最も安い低所得国の中央値で2・43ドル、最も高い高中所得国の中央値でも3・20ドルとなり、1日1人当たり190〜260円の間ということです。

日本人の感覚だと、かなり安いと感じるのではないでしょうか。しかし、収入不足の人の割合をみてみると、高所得国は0・8%と予想通り低いのですが、高中所得国でも約10人中1人、低所得国では約3人中2人が、貧しすぎてEATランセット基準を実践できないのです。

表9：「EATランセット基準の実践に必要な1日1人当たりの最安値」と「収入不足の人の割合」

地域別（ドル）	中央値	収入不足の人の割合	所得水準別（ドル）	中央値	収入不足の人の割合
世界	$2.89	23.8%	高所得国	$2.77	0.8%
東アジア・太平洋	$3.27	15.0%	高中所得国	$3.20	10.8%
欧州・中央アジア	$2.86	1.7%	低中所得国	$3.05	37.1%
中南米	$3.48	11.6%	低所得国	$2.43	62.2%
中東・北アフリカ	$2.83	19.4%			
北アメリカ	$2.65	1.2%			
南アジア	$2.80	38.4%			
サブサハラ・アフリカ	$2.50	57.2%			

出所：Hirvonen et al. (2020) の結果を元に著者が編集。　注：1ドルは約80円（2011年当時）。

地域別にみてみると、最安値の中央値が最も高いのは中南米の3・48ドルで、最も安いのはサブサハラ・アフリカの2・50ドルです。一方で、収入不足の人の割合は、サブサハラ・アフリカで最も高く57・2％もあり、南アジアでも38・4％もあります。世界全体でみても、約4人中1人は、収入不足のせいでEATランセット基準を実践できないのです。

つまり、「健康的で持続可能な食生活」を推進するには、貧困層の所得を増やすことと、食料価格を下げること、もしくは食料援助などによる国際協力が重要になってくるということです。なかでも、果物と野菜への支出は、EATランセット基準を実践するためのコストの約31・2％と最も大きな割合を占めており、最安値をさらに下げるためには果物と野菜をもっと安く提供することがカギになってきます。

バランスの取れた対策が大事

つまり、「健康的で持続可能な食生活」を広く普及させるためには、健康や環境の問題だけでなく、所得などの経済的な問題も絡んでくるということです。そして、特に重要かつ困難な課題が以下の2つになります。

①食料生産による環境負荷を減らしつつ、増え続ける世界人口を養い、さらには果物や野菜を

より安く提供できるような食料生産を実現する。

②できるだけ多くの人たちに「健康的で持続可能な食生活」を実践してもらう。

これらの課題に対しては、第三部で話したような様々な対策を、同時進行で進めていく必要があります。そして、「健康的で持続可能な食生活」の実現度は、それらの対策の中で最も達成度が低いものによって決まる可能性が高いのです。つまり、どれか1つでも達成度が低いと全体の実現度も低くなるため、バランスが大事になってくるということです。

このような考え方は、リービッヒの最小律と呼ばれており、図10のようにドベネックの桶の概念を使って表すことができます。図10では、桶の側板がそれぞれ「食べる」をとりまく様々な課題を表し、板の高さがその課題解決の達成度を表しています。そして、桶にたまる水の水面の高さが「健康的で持続可能な食生活」の実現度を表しています。そのため、桶にたまる水面の高さが最も低い側板によって決まるように、「健康的で持続可能な食生活」の実現度は最も達成度の低い課題によって決まるのです。

たとえば、図10の左図のように、食料生産性がどんなに高くなっても、人々の自制心が足りずに健康的な食生活が選ばれなかったら、「健康的で持続可能な食生活」の実現度は低いままなのです。これが、現在の「食べる」の実情です。

そこで、これからの「食べる」では、図10の右図のように、「食べる」をとりまく課題の中でも特に達成度の低いもの（桶の側板で特に低いもの）を、新技術、ＤＸ、価格政策、食育、ナッジなどを活用して改善することで、「健康的で持続可能な食生活」をより高いレベルで実現することが重要になってきます。

つまり、社会の資源配分のウェイトを、食料生産性といったすでに達成度の高い課題から、気候変動対策や環境汚染対策といった比較的達成度の低い課題にシフトすることで、より高いレベルでバランスが取れ、「健康的で持続可能な食生活」の実現度を向上することができるのです。

未来の視座から考える

最後に、２つ目の課題である、できるだけ多くの人たちに「健康的で持続可能な食生活」を実践してもらうための仕組みについて、さらに考えていきま

図10：「食べる」を取りまく課題と「健康的で持続可能な食生活」との関係

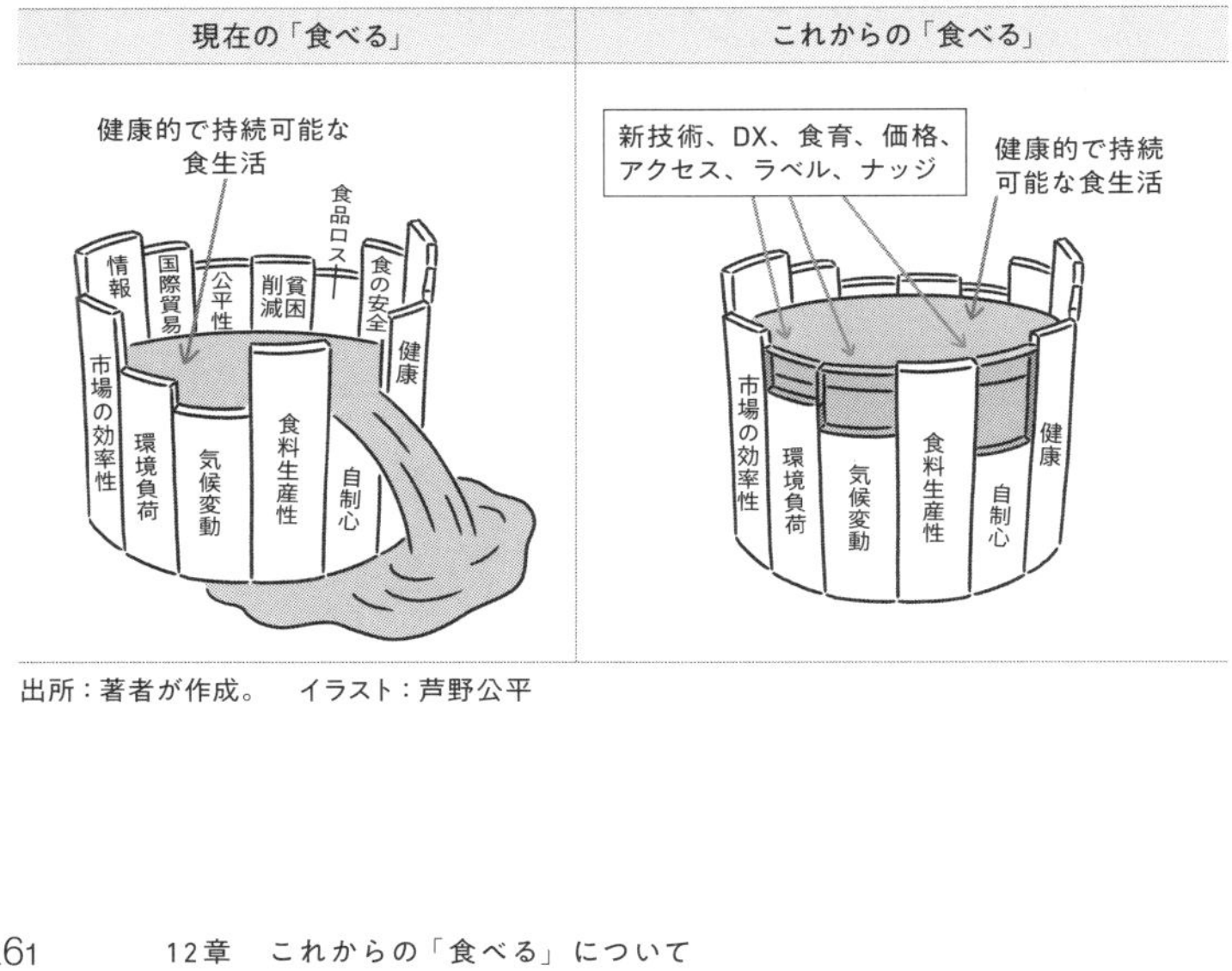

出所：著者が作成。　イラスト：芦野公平

す。

これまでの研究から、人は「現在の視座から考える場合」と「未来の視座から考える場合」とで、導き出す結論に違いがあることがわかってきています。8章で出てきた「時間的非整合性」の話と似ているのですが、「時間的非整合性」は認知バイアスで、ここではよく考えられていて、認知バイアスがかかっていないとしても、違う結論が導き出されるという話になります。

また、未来の視座には大きく分けて2種類あります。1つは「自分自身もしくは現世代の未来」という中長期的な視座で、健康改善や「時間的非整合性」と関係するのは主にこちらになります。もう1つは「将来世代の未来」という数世代先の超長期的な視座で、気候変動や環境問題への対策などと関係してきます。これら2つの決定的な違いは、この世に存在している人たちの視座か、まだこの世に存在していない人たちの視座かになります。

1つ目の「自分自身の未来」をイメージすることの効果を検証した例として、自分の未来の体型を具体的にイメージさせることが、菓子の選択にどのように影響するか検証した実験があります[*3]。

この実験では、被験者が今より「太った場合」と「痩せた場合」という2通りの体型写真を合成して、仮想未来のイメージとして見せることで、その後の菓子の選択にどのように影響するかを検証しています。被験者は、健康な体重、軽度の肥満、重度の肥満の3グループに分けられ、各グループ内でイメージを見る人を無作為に選び、イメージを見ない人と比べて、選択する菓子の種類がどのように異なるかを比較しました。

その結果、重度の肥満グループで、イメージを見た人のほうが、イメージを見なかった人よりも、健康的な菓子を選ぶ確率が約32％高くなったのです。一方で、他のグループではほとんど効果がみられませんでした。また、効果の大きさは、健康に関する情報を与えた場合とあまり変わらず、従来の対策よりも効果的というわけではなさそうです。

2つ目の「将来世代の未来」をイメージすることの効果を検証した例として、「フューチャー・デザイン」という一連の取り組みがあります。

フューチャー・デザインとは、「現世代が将来世代のためなら喜んで我慢をしたいという気持ちを持つような社会の仕組みをデザインする」取り組みのことです（フューチャー・デザイン研究所）。その手段として、現世代の人たちを「現世代」と「仮想将来世代」に分けて話し合わせることで、将来世代の人たちのためになる新しい視点やアイデアを生み出すための討議デザインが提案されています。このような話し合いの中で、現世代の人たちが「仮想将来世代」として将来世代のロール・プレイをすることによって、将来世代の利益にも配慮して行動するようになることが期待されているのです。

実例としては、岩手県矢巾町《やはばちょう》での上水道事業や長野県松本市での市役所新庁舎建設において、自治体と住民との合意形成のために、フューチャー・デザインが実践的に導入されています。

たとえば、矢巾町の事例[*4]では、無作為に選ばれた矢巾町の住民を「現世代」と「2060年の将来世代」の2グループに分けて、上水道事業などの町政の将来について議論しました。その結果、当時黒字だった上水道事業について、現世代グループは「水道料金を値下げして、黒字分を住民に還元すべき」と主張しましたが、将来世代グループは「上水道の設備更新のための資金を貯めるために、水道料金を値上げすべき」と主張したのです。そして、この討議のあと、矢巾町は実際に水道料金を値上げしています。

もちろん、現世代の私たちが、まだ生まれてもいない将来世代の気持ちを代弁することなど可能なのか、という疑問は常にあります。ただ、完璧ではないにしろ、ある程度は可能だと仮定して、現世代の人の意識を「仮想将来世代」の視座にまで導くための様々な工夫が考案・試行されています。

たとえば、仮想将来世代の視座を獲得するためには、一度過去に遡って現在を見直すというプロセスが有効なことがわかっています。[*5] どういうことかというと、たとえば50年前から現在までの間にどれほど世の中が変わったかを具体的に知ることで、現在から50年後までに世の中がどれほど変わりうるかをより具体的にイメージしやすくなるのです。

ただ、様々な工夫が講じられている一方で、現在のやり方は2日間のワークショップを2回開催するなどかなりの時間と労力を必要とし、その効果もファシリテーターの技量に依存する部分が大きいことが、より広く普及しようとする際の足かせとなっています。そのため、もっと短時間で簡略な、ファシリテーターの技量に過度に依存しない新たな手法の開発が望まれています。

もっと手軽にフューチャー・デザインを実践できるようになれば、これまでとは異なる様々な課題にも応用しやすくなり、「健康的で持続可能な食生活」を推進するための政策立案にも応用できる可能性は十分あります。

では、そろそろまとめに入りましょう。

ここで改めて、第四部冒頭の質問を思い出してください。みなさんは、この質問について考えたとき、どれくらい未来をイメージしたでしょうか？　おそらく、ほとんどの人は「現在の自分の食生活」や「現在の日本や地球の状況」だけをイメージしたのではないでしょうか。

一方で、本章で紹介したEATランセット基準の「健康的で持続可能な食生活」は、未来の視座から考えられた基準です。もし、みなさんの考えとEATランセット基準との間に大きなギャップがあったとすれば、そのような視座の違いが要因かもしれません。特に、「将来世代の未来」という視座から検討したかどうかの違いは大きいと思われます。

そして、通常なら、現在から将来世代の視座を獲得するというのは、かなり難しい試みです。しかし、話が「食べる」となると、50年後や100年後の未来の人たちが望む「食べる」を想像することはそんなに難しいことでしょうか？

「食べる」は、人にとってあまりに根源的で身近な活動であるため、私たちが欲する「食べる」が50年や100年でそれほど変わるとは思えないのです。いま私たちが本当においしいと感じる食品は、未来の人たちも同様においしいと感じることでしょう。

ただし、人の欲求は変わらずとも、「食べる」をとりまく状況は急激に変化しています。それもだいたいは悪い方向にです。現状のままでは、たとえ今は、安くておいしい食品を好きなだけ食べられたとしても、50年後や100年後には、それらの食品が普通の人には手が出ないほど高価になって食べられなくなる可能性が十分あります。たとえば、普通の牛肉なのに100gで5000円なんて未来が来ないとも限らないのです。一方で、未来の人たちの「おいしいものが食べられなくなる」という不利益は、現在の私たちでも、実感を持って理解できるのではないでしょうか。

そのため、これからの「食べる」について未来の視座から考えるにあたって、私たちが最も実感しにくく不足している感覚は、現在の私たちの「食べる」が未来の「食べる」や地球環境と密接につながっているという感覚だといえます。

そして、そのような感覚を深めることこそが、この本のねらいの一つでした。

どうでしょうか？　1章からここまでの内容を読み、「社会にとって最も望ましい『食べる』」についてあれこれと考えを巡らせることで、そのような感覚を少しは深められたでしょうか。もし少しでも深められたのであれば、次は将来世代をイメージしながら、普段の食生活を見つめ直してみてください。

そうすることで、みなさんの想像以上に時間も選択肢も残されておらず、EATランセット基準のような食生活が広く支持され始めている理由も、以前よりは実感を持って理解してもらえるのではないかと期待しています。

さて、本書はここで終わりとなりますが、みなさんの「食べる」はこれからも毎日つづきます。そのような中、本書で得た「『食べる』を見る目」をどう活かすかはみなさん次第です。ただ、普段のほんの小さな変化でも、積もり積もって大きな効果につながるということだけは覚えておいてください。また、この本をきっかけに、みなさんが少しでも食料経済学に興味を持ってくれることを願いつつ、本書の結びとしたいと思います。

＊1　Willett et al.（2019）を参照。
＊2　Hirvonen et al.（2020）を参照。
＊3　Segovia et al.（2020）を参照。
＊4　原・西篠（2017）を参照。
＊5　西村ら（2018）を参照。

FAO. (2021) "Looking at Edible Insects from a Food Safety Perspective. Challenges and Opportunities for the Sector." FAO, Rome.

Fichera, E. and von Hinke, S. (2020) "The Response to Nutritional Labels: Evidence from a Quasi-Experiment." Journal of Health Economics, 72, 102326,

Greene, K.N., Gabrielyan, G., Just, D.R., and Wansink, B. (2017) "Fruit-Promoting Smarter Lunchrooms Interventions: Results From a Cluster RCT." American Journal of Preventive Medicine, 52 (4) :451-458.

George, C.M., Monira, S., Zohura, F., Thomas, E.D., Hasan, M.T., ... and Alam, M. (2020) "Effects of a Water, Sanitation, and Hygiene Mobile Health Program on Diarrhea and Child Growth in Bangladesh: A Cluster-randomized Controlled Trial of the Cholera Hospital-based Intervention for 7 Days (CHoBI7) Mobile Health Program." Clinical Infectious Diseases, ciaa754, https://doi.org/10.1093/cid/ciaa754.

GFI / the Good Food Institute (2021) "The Science of plant-based meat." https://gfi.org/science/the-science-of-plant-based-meat/

Hanks, A.S., Just, D.R., and Wansink, B. (2013) "Preordering School Lunch Encourages Better Food Choices by Children." JAMA Pediatrics,167 (7) : 673–674.

Hanks, A.S., Just, D.R., and Brumberg A. (2016) "Marketing Vegetables in Elementary School Cafeterias to Increase Uptake." Pediatrics, 138 (2) : e20151720.

Hoffmann V., Fooks, J.R., and Messer, K.D. (2014) "Measuring and Mitigating HIV Stigma: a Framed Field Experiment." Economic Development and Cultural Change, 62 (4) :701–726.

Heady, D.D. and Alderman, H.H. (2019) "The Relative Calories Prices of Healthy and Unhealthy Foods Differ Systematically across Income Levels and Continents." The Journal of Nutrition, 149 (11) : 2020-2033.

Hepburn, J., Laborde, D., Parent, M., and Smaller, C. (2021) "COVID-19 and Food Export Restrictions: Comparing today's situation to the 2007/08 price spikes." International Institute for Sustainable Development (IISD) https://www.jstor.org/stable/resrep26562.

Hirvonen, K., Bai, Y., Headey, D., and Masters, W.A. (2020) "Affordability of the EAT-Lancet Reference Diet: a Global Analysis." The Lancet Global Health, 8 (1) : E59-E66.

Inje, O.F., Olufunmilayo, A.H., Audu, J.A., Ndaman, S.A., and Chidi, E.E. (2018) "Protein Quality of Four Indigenous Edible Insect Species in Nigeria." Food Science and Human Wellness, 7: 175-183.

IPCC (2014) "Climate Change 2014 Synthesis Report." the Core Writing Team, Pachauri, R., and Meyer, L. Eds., Cambridge University Press, Cambridge.

Jongema, Y. (2017) "List of Edible Insect Species of the World." Laboratory of Entomology, Wageningen University, the Netherlands.

Just, D.R. and Hanks., A.S. (2015) . The Hidden Cost of Regulation: Emotional Responses to Command and Control. American Journal of Agricultural Economics 97: 1385–1399.

Kremer, M., Miguel, E., Mullainathan, S., Null, C., and Zwane, A. (2009) "Making water safe: Price, persuasion, peers, promoters, or product design?" Working Paper, Harvard University, Cambridge, MA

Larochelle, C., Alwang, J., Travis, E., Barrera, V.H., and Dominguez Andrade, J.M.. (2019) "Did You Really Get The Message? Using Text Reminders to Stimulate Adoption of Agricultural Technologies." The Journal of Development Studies, 55 (4) :548–64.

Lawman, H.G., Veur, S.V., Mallya, G., McCoy, T.A., Wojtanowski, A., Colby, L.,..., and Foster, G. (2015) "Changes in Quantity, Spending, and Nutritional Characteristics of Adult, Adolescent and Child Urban Corner Store Purchases after an Environmental

参考文献

Alexandratos, N. and Bruinsma, J. (2012) . "World Agriculture towards 2030/2050: the 2012 revision." FAO, Rome: ESA Working paper, Vol. 12, No. 3.

Arouna, A., Michler, J.D., Yergo, G., Wilfried, and Saito, K. (2021) "One Size Fits All? Experimental Evidence on the Digital Delivery of Personalized Extension Advice in Nigeria." American Journal of Agricultural Economics, 103 (2) : 596-619.

Banik, P., Midya, A., Sarkar, B.K., and Ghose, S.S. (2006) "Wheat and Chickpea Intercropping Systems in an Additive Series Experiment: Advantages and Weed Smothering." European Journal of Agronomy, 24: 325–32.

Brune, L., Gine, X., Goldberg, J., and Yang, D. (2011) "Commitments to Save: A Field Experiment in Rural Malawi." World Bank Policy Research Working Paper No. 5748.

CE Delft (2021) "LCA of Cultivated Meat: Future Projections for Different Scenarios." CE Delft, Delft.

Chakrabarti, S., Kishore, A., and Roy, D. (2018) "The Effectiveness of Food Subsidies in Raising Healthy Food Consumption: Public Distribution of Pulses in India." American Journal of Agricultural Economics, 100 (5) : 1427-1449.

Chen, X., Kaiser, H.M., and Rickard, B.J. (2015) "The Impacts of Inclusive and Exclusive Taxes on Healthy Eating: An Experimental Study." Food Policy, 56: 13-24.

Christensen, J.H., Hewitson, B., Busuioc, A., Chen, A., Gao, X., Held, I., ..., and Whetton, P. (2007) "Regional climate projections. Climate Change 2007: The Physical Science Basis. Contribution of Working Group I to the Fourth Assessment Report of the Intergovernmental Panel on Climate Change." Solomon, S., Qin, D., Manning, M., Chen, Z., Marquis, M., Averyt, K.B., Tignor, M., and Miller, H.L. Eds., Cambridge University Press, Cambridge, 847-940.

Cummins, S., Flint, E., and Matthews, S.A. (2014) "New Neighborhood Grocery Store Increased Awareness Of Food Access But Did Not Alter Dietary Habits Or Obesity." Health Affairs, 33 (2) : 281-291.

Debnam, J. (2017) "Selection Effects and Heterogeneous Demand Responses to the Berkeley Soda Tax Vote." American Journal of Agricultural Economics, 99: 1172–1187.

Datta, S. and Mullainathan, S. (2014) "Behavioral Design: a New Approach to Development Policy." Review of Income and Wealth, 60 (1) : 7-35.

Dubois, P., Albuquerque, P., Allais, O., Bonnet, C., Bertail, P., Compris, P., ..., and Chandon, P. (2021) "Effect of Front-of-Pack Labels on the Nutrition Quality of Supermarket Food Purchases: Evidence from a Large-Scale Randomized Controlled Trial." Journal of Academy of Marketing Science, 49: 119-138.

Duflo, E., Kremer M., and Robinson, J. (2008) "How High Are Rates of Return to Fertilizer? Evidence from Field Experiments in Kenya," American Economic Review: Papers & Proceedings, 98 (2) , 482–88.

Duflo, E., Kremer M., and Robinson, J. (2011) "Nudging Farmers to Use Fertilizer: Evidence from Kenya," American Economic Review, 101 (6) , 2350–90.

EAT-Lancet Commission. (2019) "The EAT-Lance Commission Summary Report." https://eatforum.org/eat-lancet-commission/eat-lancet-commission-summary-report/

FAO (2019) "Water Use in Livestock Production Systems and Supply Chains - Guidelines for Assessment (version 1)." FAO. Rome.

FAO (2020) "The State of Food and Agriculture 2020: Overcoming Water Challenges in Agriculture." FAO, Rome.

Shimokawa, S., Hu, D., Li, D., and Cheng, H. (2021b) "The Urban-Rural Gap in the Demand for Food Safety in China: the Role of Food Label Knowledge." Agricultural Economics, 52 (2) :175-193.

Silver, L.D., Ng, S.W., Ryan-Ibarra, S., Taillie, L.S., Induni, M., Miles, D.R., Poti, J.M., and Popkin, B.M. (2017) "Changes in Prices, Sales, Consumer Spending, and Beverage Consumption One Year after a Tax on Sugar-Sweetened Beverages in Berkeley, California, US: a Before-and-After Study." PLoS Medicine, 14: e1002283.

Smed, S., Scarborough, P., Rayner, M., and Jensen, J.D. (2016) "The Effect of the Danish Saturated Fat Tax on Food and Nutrient Intake and Modelled Health Outcomes: an Econometric and Comparative Risk Assessment Evaluation." European Journal of Clinical Nutrition, 70: 681-686.

Smith L.E., Just D.R., Wansink B. et al. (2011) "Disrupting the default choice: the contentious case of chocolate milk". J Fed Am Soc Exp Bio. 25 (1) : 781.24.

Taber D.R., Chriqui, J.F., Powell, L.M., and Chaloupka, F.J. (2012) "Banning All Sugar-Sweetened Beverages in Middle Schools: Reduction of In-School Access and Purchasing but Not Overall Consumption." Archives of Pediatrics & Adolescent Medicine, 166 (3) :256–262.

Thaler, R. H. (1981) "Some Empirical Evidence on Dynamic Inconsistency", Economic Letters, 8, 201-207.

UNEP (2021) "Food Waste Report 2021."

UNICEF (2021) Data-Diarrhea, https://data.unicef.org/topic/child-health/diarrhoeal-disease/.

Wansink, B., Soman, D., Herbst, K., and Payne, C.R. (2014) "Partitioned Shopping Carts: Assortment Allocation Cues that Increase Fruit and Vegetable Purchases." Available at SSRN: https://ssrn.com/abstract=2473647

Willett, W., J. Rockstrom, B. Loken, M. Springmann, T. Lang, ..., and C. Murray. (2019) ." Our Food in the Anthropocene: The EAT-Lancet Commission on Healthy Diets from Sustainable Food Systems." The Lancet. 1-47.

国際獣疫事務局 OIE "Bovine spongiform encephalopathy" (2021) https://www.oie.int/en/disease/bovine-spongiform-encephalopathy/.〔2021.6.17 に参照〕

築城幹典、原田靖生 (1997)「我が国における家畜排泄物発生の実態と今後の課題」、環境保全と新しい畜産、農林水産技術情報協会, pp. 15-29.

西村直子、井上信宏、武者忠彦 (2018)「未来人を呼び寄せる討議デザイン」『学術の動向』6 月号、「特集フューチャー・デザイン」、日本学術会議, pp. 20-23.

原圭史郎、西條辰義 (2017)「フューチャーデザイン——参加型討議の実践から見える可能性と今後の展望」、水環境学会誌、40 巻 4 号, pp. 112-116.

フューチャー・デザイン研究所　http://www.souken.kochi-tech.ac.jp/seido/practice/index.html　(2021 年 10 月 21 日にアクセス)

Intervention." Preventive Medicine, 74: 81–85.

Loewenstein, G. and Prelec, D. (1992) . "Anomalies in Intertemporal Choice: Evidence and an Interpretation." The Quarterly Journal of Economics. 107 (2) : 573–597.

Main, D. (2015) "Two Numbers: Animal Manure a Growing Headache in America." Newsweek Magazine, December 8, 2015.

Marcu, A. Vangenechten, D., Alberola, E., Olsen, J., Caneill, J.Y., Schleicher, S., and Rafael, R. (2020) "2020 State of the EU ETS Report." ERCST, Wegener Center, BloombergNEF and Ecoact.

McCallum, S.C., Cerroni, S., Derbyshire, D., Hutchinson, W.G., and Nayga, R.M. Jr. (2021) "Consumers' Responses to Food Fraud Risks: an Economic Experiment." European Review of Agricultural Economics, forthcoming,

Mekonnen, M.M. and Hoekstra, A.Y. (2010) "The Green, Blue and Grey Water Footprint of Farm Animals and Animal Products: volume 1: Main report." Value of Water Research Report Series No 48. UNESCO-IHE.

Messer, K.D., Kaiser, H.M., Payne, C.R., and Wansink, B. (2011) "The Inoculating Effect of Generic Advertising: Can Consumers' Concerns About Mad Cow Disease Be Reduced by Advertising?" Applied Economics, 43 (12) : 1535-1549.

Ministry of Planning Cambodia. (2011) "Food Security Trend Analysis Report: Cambodia Socio-Economic Surveys 2004 and 2009."

Muhammad, A., Seale, J.L., Meade, B.Jr., and Regmi, A. (2005) "International Evidence on Food Consumption Patterns: An Update Using 2005 ICP Data." Technical Bulletin No. TB-1929, USDA.

NPR. (2019) "U.S. Soda Taxes Work, Studies Suggest — But Maybe Not As Well As Hoped". NPR.org.

OECD (2021) "Effective Carbon Rates 2021: Pricing Carbon Emissions through Taxes and Emissions Trading." OECD Publishing, Paris, https://doi.org/10.1787/0e8e24f5-en.

OECD (2020) "Taxation in Agriculture." https://www.oecd-ilibrary.org/sites/073bdf99-en/index.html?itemId=/content/publication/073bdf99-en

Payne, C. and Niculescu, M. (2018) "Can Healthy Checkout End-Caps Improve Targeted Fruit and Vegetable Purchases? Evidence from Grocery and SNAP Participant Purchases." Food Policy, 79: 318–323.

Rumpold, B.A., and Schluter, O.K. (2013) "Nutritional Composition and Safety Aspects of Edible Insects." Molecular Nutrition & Food Research, 57: 802-823.

Sadoff, S., Samek, A., and Sprenger, C. (2020) "Dynamic Inconsistency in Food Choice: Experimental Evidence from Two Food Deserts." Review of Economic Studies, 87: 1954-1988.

Schroeder, K., Lampietti, J., and Elabed, G. (2021) "What's Cooking : Digital Transformation of the Agrifood System." Agriculture and Food Series, Washington, DC, World Bank.

Segovia, M.S., Palma, M.A., and Nayga, R.M. Jr. (2020) "Can Episodic Future Thinking Affect Food Choices?" Journal of Economic and Behavior and Organization, 177:371-389.

Shimokawa, S. (2016) "Why Can Calorie Posting Be Apparently Ineffective? Roles of Two Conflicting Learning Effects." Food Policy, 64:107-120.

Shimokawa, S., Kudo, H., Kito, Y., Yamaguchi, M., and Niiyama, Y. (2021a) "Distinguishing Attitude and Belief Expressions from Economic Preferences in Long-Lasting Aversion in Food Choice." The 31st International Conference for Agricultural Economists, Online, August 17-31.

下川 哲（しもかわ・さとる）

早稲田大学政治経済学術院准教授。2000年、北海道大学農学部農業経済学科卒業。2007年、米コーネル大学で応用経済学の博士号（Ph.D.）を取得。香港科技大学社会科学部助教授、アジア経済研究所研究員を経て、2016年から現職。これまで、国際学術誌の「Food Policy」や「Agricultural and Resource Economics Review」、国内学術誌の「農業経済研究」や「The Japanese Journal of Agricultural Economics」などの編集委員も務める。専門は農業経済学、開発経済学、食料政策。

WEBサイト「下川研究室」
https://www.waseda.jp/prj-foodecon/

食《た》べる経《けい》済《ざい》学《がく》

2021年12月1日　第1刷発行
2023年 4 月20日　第3刷発行

著　　者　下《しも》川《かわ》 哲《さとる》
発 行 者　佐藤　靖
発 行 所　大《だい》和《わ》書房
東京都文京区関口1-33-4
電話　03-3203-4511

ブックデザイン　佐藤亜沙美（サトウサンカイ）
イ ラ ス ト　芦野公平
校　　正　ツタヤノブコ
編　　集　中山淳也
本 文 印 刷　信毎書籍印刷
カバー印刷　歩プロセス
製 本 所　小泉製本

ISBN978-4-479-39374-0
乱丁・落丁本はお取り替えいたします。
http://www.daiwashobo.co.jp

01

早稲田の地に社屋を構える大和書房と早稲田大学の研究者がタッグを組み、未来に実を結ぶ「学びのタネ」をまくべく執筆された書籍シリーズです。